押井守のサブカルチャー70年

YouTubeの巻

はじめに

僕は新聞を読まなくなって20年以上、ここ10年ほどはテレビのニュースも殆ど見ていません。それでなんの不自由もないことが判明したからです。

新聞を読み、テレビでニュースを見るという習慣は、いまとなっては純然たる惰性に過ぎません。新聞やテレビでニュースに接する時間とは、同じルーティンを繰り返す勤労者や学生にとって、社会に僅かに「窓」を開く時間だった――そういう時代もありました。いま世の中で何が起こり、その状況に一般市民と呼ばれる人々がどのような反応を示しているのか、それを教えてくれる唯一の「窓＝メディア」が新聞やテレビだったのです。現在は圧倒的多数の人々が、スマホという「小さな窓」を携えて移動しています。なにしろ時間も場所も問わないし、速報性に関しては新聞やテレビの定時放送の及ぶところではありませんから、勝負は端から見えていました。

「どこでもドア」ならぬ「どこでも窓」です。
この狭い島国で1億2000万の人間が「総ドラ★もん」時代です。

おカネを出せば誰でも買える商品が世の中を一変させたのですから、たしかにジョブズの言い分は正しかったのです。まあ、開かれた窓の向こう側に見える風景が、果たして本物かどうかは別のお話ですし、フェイクに関しては新聞もテレビもネットも似たようなもので、知らぬ間にとんでもない風景を信じ込まされるリスクも大差ありません。なにしろ、その当のメディアがフェイクに注意を喚起したりしているのですから、もはや何をかいわんやですが、それもまた別のお話です。

お話を戻して、社会へ向けて開かれた窓、という喩えを敷衍して言うならば、YouTubeとは言ってみれば窓がズラリと並んだ集合住宅か、窓が無数に穿たれた長い通路のようなものなのですが、他の「窓=メディア」との違いは何かと言えば、その窓の中に個々の風景だけでなく、こちらを覗いている個人の顔、あるいは「中の人」と呼ばれる仮想の人々の顔が窺えることなのです。

この本は「窓の中の顔」「中の人」たちとの出会いの物語であり、コロナを挟む数年の間、僕の世間への興味を繋いでくれた匿名の人たちに関するレポートでもあります。

「これを知らないと損をするYouTube20選」みたいな本じゃありません。

さらに付け加えるなら、「ひろ★き」とか「ヒカ★ン」とか、そういう著名な方々はひとりも登場しませんので、そちら方面に興味のある方にもお薦めできません。

あしからず。

2023／11／27　押井守

CONTENTS 目次

おわりに

・本書はＴＶ Ｂｒｏｓ．ＷＥＢでの連載（２０２２年１月〜２０２３年６月）を加筆修正して１冊にまとめたものです。
・チャンネル登録者数や視聴回数、および本書記載の事項はすべて取材当時のものです。
・ご紹介した動画は削除されている場合がございます。あらかじめご了承ください。
・文中では敬称を略させていただきました。

聞き手・構成・文／渡辺麻紀

いまの社会が凝縮された

『Fラン大学就職チャンネル』

Fランクの大学に通う学生へ向けた就活情報を中心としつつ、そのほかの学生や、社会人にとっても有益なビジネス・キャリアに関する動画を投稿している。元証券マンのキャリアコンサルタント「エフ」さんが手掛けており、「いらすとや」のかわいらしいイラストと、毒っ気のあるセリフのギャップにハマる。面白くてためになるチャンネル。

◀◀◀チャンネルはこちらから

▷ YouTubeは〝社会の窓〟

——TV Bros.WEBで連載していた『押井守のサブゥカルチャー70年』の単行本が刊行されたのが2022年の5月。その本の最後の章が「YouTubeの巻」でした。以来、押井さんには『サブゥカルチャー70年』の第二弾としておよそ1年半、同じくTV Bros.WEBでYouTubeについて熱く語って頂きました。この本はそれをまとめたものになります。YouTubeは「社会の窓」なので、いまの時代の考察が出来るというわけですよね。

そういうチャンネルをまず教えてください。

押井　間違いなく『Fラン大学就職チャンネル』がいまのイチオシです。

就職関係のチャンネルを探しているときに見つけたんだけど、最初に惹かれたのは「Fラン」という言葉だった。YouTubeには、本当にいろんなスラングがあって、それも大きな魅力。わたしはYouTubeで「ニットウコマセン」や「マーチ」という言葉を知ったからね。麻紀さん知ってる？

——もちろん、知らないです。私のYouTube偏差値は限りなく低いんですよ。ネコの動画しか見たことがないので。

押井　「ニットウコマセン」というのは「日東駒専」と書いて、「日」は日大、「東」は東洋大、「駒」

は駒澤大、「専」は専修大のこと。一方「マーチ」の表記は「MARCH」。「M」は明治大学、「A」は青学、「R」は立教、「C」は中央、「H」は法政のことです。

言うまでもなくトップは東大で、その下は早慶、またその下に「MARCH」がある。そういうの、面白いと思ったんですよ。

——ランク付けの呼び方が？

押井　面白いし気が利いてる。だから流行るし、そもそも覚えやすい。

——「Fラン」というのは、そういう大学よりもっと下のランクなんですよね？

押井　そうです。Fランクの大学のことだから。偏差値が低くて誰でも入れる大学のこと。別のチャンネルによると、代数が出来ない、英語も中学生レベルから始めないといけないとか、相当低い。定員割れしているのも、ひとつの特徴と言われているらしい。

そういう大学に入るのは、そもそも勉強をする習慣がない人たちなんだよ。やっと高校を卒業した人たち。もちろんその高校も公立じゃなくて私立。ひとまずやることもないので大学でも行くかという感じで選ばれた大学がFラン。

そんな人たちが大学に入って何をするかというと何もしない。勉強はしないし就活だってやらない。その時点でどんどん落ちこぼれていくんです。

『Fラン』は、そういう学生たちを面白おかしく、物語形式で解説する。しかも「いらすとや」やボイスロイド等の無料の素材を使って、脚本の面白さだけで惹きつける。さらに、それを週二回、新エピソードをアップし続けているんだから感心するしかない。わたしはすっかりハマって、過去のエピソードもすべて見たからね。

――押井さん、本当にハマってますね。

押井　うん、というのもこのチャンネルだけでもいろんなことがわかるんだよ。就活についてだけじゃなく、社会生活全般について。おそらく、これを見ていれば、社会生活の転落は防げると思う。

――というと？

押井　たとえば、人生とちゃんと向き合っていないFラン大学の学生たちが就職する場合、地元の中小企業ならまだいいほうで、多くはブラック企業になる。もちろん、そういう若者はすぐに辞めるわけだけど、そのあとはもうどんどん転落していくしかない――そういうことを、笑わせながら教えてくれるわけです。

もうひとつ例をあげると、年収300万円しかない人間って、実は日本にたくさんいるわけだ。20代なら問題ないけど、40代、50代になってこの金額だとまともな社会生活は難しくなる。そういう者がローンを組んで家を購入した場合の話とか、場所はどの辺がいいかとか、そういうこともすべて解説してくれる。

もっと言うと、転職や奨学金問題も扱っているし、退職金についても教えてくれる。いろんな社会制度を含めた上で、どうやって自分の人生設計をするのか、それをとてもかみ砕き、フィクションとして解説してくれる。いや、本当によく出来ていますよ。

——そこまでフォローしてくれているんですか？　まさに手取り足取りじゃないですか！

押井　そうそう。それをハウツーじゃなく、物語形式でやっているから面白いんです。チャンネル運営者のセンスが光っているんだよ。

あと言っておかなきゃいけないのは、彼はちゃんと調べた上で物語を創っているところ。政府が発表している数字や、企業の統計等、すべてを調べた上なんだよ。そこが本当に凄い。

だから「Fランの大学生は学歴フィルターにかけられES（エントリーシート）の段階で落とされるというのは嘘だ」という彼の言葉も事実。数字の上で証明してみせたんです。そういうのはFランの学生の思い込みだったということだよね。

——それは嬉しいですね。希望が生まれるじゃないですか。

押井　ちょっとリサーチすればわかることなのに、多くの人がそれをせず、人生を誤ってしまう。介護問題もそうでしょ。介護疲れでじいさんを殺してしまったなんてことは、ちゃんと行政と連絡を取り、自分で支援を頼んでいれば絶対に起きない事件なんだよ。にもかかわらずなぜ起きるのか？　社会制度が複雑というのもあるだろうけど、やはり基本的には無知だから。さらに、みんなが孤立して生きているからだよ。

——相談する人もいないということなんですかね。

押井　個人が分断されて生きている時代だから、遊び仲間はいるけど、悩みや人生を相談する人はいないということなんだと思うよ。

そういう友人がいない上に、ちゃんと調べもしない。ネットをいつも見ているくせに、そういうところを調べようとはしない。なぜかといえば、自分の人生に対して当事者意識がないから。関係ないと思っているから、めんどくさいから、どうせダメだからと諦めているから。それこそＹｏｕＴｕｂｅを眺めていたほうがいいから。

そういう姿勢でＹｏｕＴｕｂｅを眺めている連中に、そのＹｏｕＴｕｂｅを通して語り掛けている。そこも面白いんですよ。

――やっぱりＹｏｕＴｕｂｅは社会の縮図なんだ。

押井　だからそう言っているじゃないの！　漫然と面白い動画を探しているんじゃなくて、社会の窓として大きな意味がある。わたしは家から一歩も出ずに、いまの社会のありさまがわかるようになったから。

▷「受動的娯楽」の最たるものがＹｏｕＴｕｂｅ

――はい、仰る通りです！　でも押井さん、そういう悩める若者たちは、それこそＹｏｕＴｕｂｅの人生相談コーナーとかを見れば、いいアドバイスに出会えるのでは？　ありますよね、そういうチャンネルも。

押井　そこにも問題があるんです。悩みがあるときは、ネット上の記事を探すんだけど、そういうときに目に留めるのは、自分にとって都合のいい答えであり発言。「就活は4年生からでも大丈夫」とか「面接では一発芸を見せればOK」とか「最悪、新卒で就職出来なかったら留年すればいい」とか。自分がほっと出来る情報ばかりを探してしまう。

結局は、自分にとってめんどくさいことやシビアなことは避けるので、どんどん思い込みの世界に入り、現実から遠ざかって、当事者意識がますます薄れていっちゃうんだよ。そういうときに相談出来るような交友関係を築いていればまた別なんだけど、ないわけだからね。こうなるともう、現実逃避。そして、あるとき気づくと、自分だけが孤立していたということになる。

――その流れを聞いていると、そうなりそうですね。

押井　わたしの興味の中心は、なぜそんなことになるんだろうということ。そういう人間の思考はどうなっているんだろう？　なぜ、自分の人生の当事者になれないのか？　そういうところにある。昔はというか、わたしたちの若いころは、高校生くらいで自分の人生と向き合っていたのに、いまはまるで違う。下手をすれば、たとえ働き始めても自分の人生と向き合えない人がたくさんいる。

就職してもすぐに辞めちゃうのもそう。何が自分にとってもっとも大切なのか、それがわからない。つまり、優先順位を付けられないし、そもそも優先順位すらないのかもしれない。優先順位のないところに価値観はない。価値観は優先順位のことだからね、いつも言っているように！

――はい！

押井　優先順位を決めるということは、すなわち自分がどういう人間なのか、表明していることと同じなんだから！

――そういう若者がたくさんいるということを『Fラン』で知ったんですか？

押井　そうなるよね。それまではうっすらと、そういう連中がいることに気づいてはいたんだけど、このチャンネルを見るようになって確信をもったというか、より内実を知ることになったという感じかな。

わたしの周囲にも、自分の人生に対して当事者意識をもっているのか、疑わしい人はいるよ。価値観自体がなく、人生に対して意欲的じゃない。そして、受動的な娯楽に慣れている。

――「受動的な娯楽」というのは？

押井　たとえば映画の面白さ。それって観る人の知識や教養、経験と比例関係にあるんだよ。だから、人生経験を積み重ねた大人のほうが映画を楽しめる場合が多い。若いとそういう観方が出来ないわけだけど、彼らはそういうときにそんな映画を「ダメな映画」とくくってしまう。映画がダメなんじゃなくて、あんたがダメなのにそうは考えない。

わたしたちの若いころは、その映画がわからないと本を読んだり詳しい人に聞いたりして、何度も挑戦していた。（ジャン＝リュック・）ゴダールなんて、観る人の95パーセントは惨死して、残りの5パーセントが何とかひっかかって観続ける。彼のほかの作品や本を読んでいるうちに、やっとゴダールの正体に気づき始めるんだよ。

「ゴダールの映画って何なの？」「映画そのものなんだ」という答えに到達するまで、とてつもなく時間がかかる。でも、わかった途端に、彼の作っている作品がめちゃくちゃ面白くなってしまう。それまでは睡魔との闘いだった映画が。

——ゴダールのことはわかりませんが、仰っていることはとてもよくわかります。というか、最近の日本の映画界が、ベストセラーやマンガの映画化が多い理由のひとつでもありそうですよね。

押井 そうなんだと思うよ。(内容が)わかっているから観る。わからなくてダメの烙印を押してしまったらそれでおしまい。その先にはいかないから。

わたしの商売に関して言えば、わたしの作っている作品がそっち系なので、やはり考えてしまう。そういう流れのなかで『Fラン』に反応したというのもあると思うよ。

——押井さんが脚本を書いた『ルパン三世 PART6』(21〜22/日本テレビほか)のエピソードもそうですね。予備知識がないと面白さが伝わらないかも。

押井 ヘミングウェイ(第4話「ダイナーの殺し屋たち」)や聖書(第10話「ダーウィンの鳥」)を知らなきゃ、おそらくわけがわからないんじゃないの? いまどきの若者は、ヘミングウェイを読んでいないどころか、作家ということすら知らない可能性が高い。

話を戻すと、そういうのを「受動的娯楽」というんです。『Fラン』がそう言ってます。予備知識もいらない、考える力もいらない。眺めているだけで娯楽として成立するもの。そして、その最たるものがYouTubeなんですよ。

——よくわからなかったら、わかるチャンネルに移ればいいだけだから?

押井　そうです。すぐにチャンネルを変えればいい。何せ選択肢だけは山のようにあるから。この人はわかりやすいと思えば、ずっとそこを見ていればいい。人気の高いユーチューバー、ＨＩＫＡＫＩＮとかひろゆき等のチャンネルはきっと、そういうことなんじゃないの？　見たことがないのであくまで想像なんだけど、若い人たちに対して説得力があり、彼らが望むような言葉を言ってくれるんじゃないのかなあ。

——それって人生相談と同じですね。「君の言っていること、悩んでいることは、僕もよーくわかる」って感じ。押井さんの人生相談本（『押井守の人生のツボ　２．０』）とは真逆じゃないですか！

押井（笑）。若者の多くは、自分を肯定してほしいし、世の中の通念をひっくり返してほしい。ひろゆきとかはきっと、そういう発言をしていると思うんだけどね。

——一流企業に就職するのが人生の成功者というのは間違った価値観です、みたいな感じなんでしょうか？

押井　もしかしたらね。あとは単純に、絶えずとんでもないことをやっているユーチューバーだよね。そういう連中を冷ややかに見ている。お金を稼ぐためにここまでやってるんだ、こいつらって感じで。もちろん、純粋に楽しんでいる人もいるだろうけどさ。

つまり、そういうすべてを受け入れてくれるのがＹｏｕＴｕｂｅなんだよ。そういうのを見ている当人は何の努力もいらないし、教養も必要ない。まさに受動的娯楽ですよ。

——『劇場版「鬼滅の刃」無限列車編』（20）も、すべてセリフで説明しているそうですね。「オレはいま、こう考えている！」みたいなのもセリフで言ってくれるから、ながらでも楽しめるというようなことを聞きました。行間を読んだり、表情からキャラクターの感情を読み取らなくてもいいって。そういう作品が大ヒットするのって、やっぱり「わかりやすい」という理由もあるんじゃないですか？

押井　そうだろうね。わたしも『鬼滅』は一話しか見てないのでよくわからないけどさ。でも、洋画はやっぱり予備知識等が必要なんだよ。

――最近だと『マトリックス　レザレクションズ』（21）ですよね。あれこそ、さまざまな教養と予備知識が必要。それがないと楽しめないどころか、ついていけない。

押井　あの映画を理解出来た人って、観た人の5パーセントにも満たないんじゃないの？　そういう洋画はたくさんある。（クリストファー・）ノーランの『TENET テネット』（20）だってそうだよ。あれも理解出来た人はとても少ない。

――なぜか2本ともワーナーの映画（笑）。でも押井さん、『TENET』はヒットしましたよ。

押井　それは、話題になったから観に行ったんです。流行に乗っかっただけ。もちろん、そういう人ばっかりじゃないけど。

海外TVドラマもそうです。楽しもうとするなら積極的な動機や情熱がないと追っかけられなくなる。やっぱり向こうの作品はハードルが高くなっちゃうんですよ。

――なるほど、そうなると昨今の洋画がヒットしない理由もわかる気がしますね……うーん、ためになりますね、『Fラン』。

押井　だからそう言っているじゃない！

▷『Fラン』は工夫の塊だ！

――押井さんは『Fラン』を作っている人についてもご存じなんですか？

押井　センスもタレントもピカイチだとわたしは思っているけど、その正体は謎のままです。確かなのは「無料のツールやアイテムを使って自分ひとりで作っている、めちゃくちゃ才能とセンスがある人」ってことぐらいかなあ。

あ、でも最近、国が認めた就活アドバイザーみたいなライセンスを取ったみたいだったよ。

――それって、そのクリエーターのX（旧Twitter）に書いている「国家資格キャリアコンサルタント」というライセンスなんですか？　調べてみると、学科と実技があって合格率は半分くらい。簡単ではないようですよ。

押井　そうなんだ。当人は、面白そうだったから取ってみた、みたいな感じのようだったから、別に大きな意味はないんじゃないの？

――証券会社に勤めているサラリーマンじゃないかと書いている人もいるようですね。

押井　登録者数は28万人前後で、多いほうじゃない。再生回数も凄いとは言えないんだけど、ユーチューバーの間ではめちゃくちゃ評価が高い。構成力のうまさ、脚本力、動画作りの凄さに、いわば業界のプロたちが舌を巻いているんですよ。そういう意味では玄人好みなのかもしれない。

しかも、面白いだけじゃなくてちゃんとためになるわけでしょ？　それに、シニカルに見えて、実は愛情があるところもいい。何とかしてあげたいという気持ちが伝わってくる。実際、そういう感じで泣かせるエピソードもある。ただのオチャラケのチャンネルや笑わせるだけのチャンネルが多いなかでは貴重なんですよ。


――なるほど。


押井　この人には違うシリーズもあって、彼自身が書いたラノベを動画にしているんだけど、これもなかなかいい。最初から動画にするつもりで書いたラノベということもあるのか、ちゃんと聴かせるから。あとはシリアスな動画をやったりおとぎ話のシリーズをやったり、とても幅が広い活躍っぷりだよね。

もうひとつ、感心しているのが量産。わたしが定期的に見るようになってから、必ず週に二回、同じ曜日に更新されている。それを一度も外したことはない。これは凄いことですよ。

なかには一時、閲覧回数や登録者がガッと上がる人もいる。突然100万回、100万人を超えたりする。でも、続かないんだよ。量産能力がないから新しい動画を作ることが出来ず結局、人も離れてしまう。

動画作りというのは大変な作業で、しかも第三者が見て面白いと感じさせる作品を作るのはもっと大変。そもそもYouTubeのなかで垂れ流し的に作っているものが全体の8割を占めているわけで、そういうのはどんどん淘汰されていくんだよ。

——ということは、面白いと感じるチャンネルには、ちゃんとワケがあるんですね。

押井 そう、工夫があるんです。わたしのような70歳の前期高齢者が楽しみにするくらいなんだからね。そういう工夫の塊が『Fラン』ということです。

——改めて、『Fラン』がナンバーワンという最大の理由は何なんですか？

押井 演出力。これが本当に大したもの。その辺の短編映画より面白い。素材がチープなだけに、演出力が際立つんだよ。そのクオリティをキープしながら量産も出来ている。しかもちゃんとリサーチもしていてためにもなる。いや、本当に凄い。

——押井さん、本当に絶賛ですね。でも、その人、どうしてこのチャンネルを始めたんでしょうか？その辺、はっきりしているんですか？

押井 わたしもそこに大変興味があるんだけど、当人はほとんど語ってないんじゃないかな。

——自分が就職のとき、とても苦労したのかもしれないですよね。

押井 わかりません。ラノベのようなものを書こうとしていたみたいだし、ラノベ界隈ではそれなりに知られた人物らしい。すべてが「らしい」なんだけどさ（笑）。

——性別は男性のようですが、年齢はどうなんでしょう？

押井 30代くらいだと、わたしは思っているんだけどね。一応、簡単なプロフィールを公開しているけど、本当に大したことは書いてない。顔を出して有名になりたい、自分を売り出したいなんて感じもない。アバターを出すこともしてないから、Vチューバーでもないし。そういう人は自分のアバターを出すからね。登録者数にこだわっている様子もなければ、実際、伸びている感じもしない。だから、案件も大したことないよ、きっと。

――「案件」って、よくYouTubeに入っているCMのこと？

押井　違います。企業からの依頼で動画を作ることです。商品だったら、それを紹介したり、ゲームだったらプレイしして評価してみたり。本当に人気の高いインフルエンサーなんて1000万円単位で商売していると思うよ。TVのCMよりは安いし、ターゲットが絞られていて確実だから。インフルエンサーになると、年収は億単位だよ。

――目指せ、インフルエンサーですね（笑）。

押井　そういうユーチューバーやインフルエンサーのカラクリを教えてくれる解説チャンネルもちゃんとありますから。YouTubeにどれだけ取られて、Googleにはこれだけってね。

――まさに至れり尽くせりですね。

押井　何ならユーチューバーになるための専門学校もあるよ。「50万円払ってこの講座を受ければ、あなたも明日からユーチューバー」って感じで。でも、そうやって本当になれた人はいないと思うけどね。

YouTubeを見ている理由は本当にいろいろで、そのなかに「人間に対する興味」というのがある。最初は、ソシャゲに毎月、40万もぶちこむ価値観ってどういうものなんだろうというような興味だったんだけど、それが徐々に変わってきて、「この人はどういう価値観で生きているのか？」というものになってきたんだよ。

▲東都底辺経済大学に通う大学生ふたりが、大手企業の内定を目指しまい進する姿を描く「Fラン大生就職物語【いらすとやドラマ】」（全7話）。

Fラン大学出身というリアリティと努力で引き込む

『ナカイドの実写 / Fラン友の会』

自らもFランク大学出身という「ナカイド」さんが、大学の選び方や大学生活の過ごし方、卒業後の進路のことなどを自身の経験をもとに詳しく解説する（2021年5月を最後に更新は停止）。そのほかのチャンネルとして、ゲームに関する最新情報を届ける『ナカイドのゲーム情報チャンネル』、ラジオチャンネル『ナカイドのゲームラジオ』などを発信している。

◀◀◀チャンネルはこちらから

▷『クレしん』野原家の生活には、年収1000万円が必要!?

――さて押井さん、ふたつ目のチャンネルをお願いします。

押井　最初に紹介した『Fラン大学就職チャンネル』は、『ナカイド』の関連動画から情報が入ったんだよ。彼が『Fラン友の会』(『ナカイドの実写/Fラン友の会』)というチャンネルをやっていたからなんだけど、ナカイドくんの強みというのは自分自身もFラン大学出身者ということ。ずっと引きこもりで高校も中退。受験資格をとって進学したものの、Fランクの大学だったというわけです。

ナカイドくんが引きこもりだったことは、彼のいる部屋の様子でわかる。おかあさんがスーパーかどこかで買ってきたであろうたくさんのシャツが椅子の背にかかっていたり、押し入れの衣装箱から服が飛び出していたり、いかにも引きこもりふうの生活空間が、喋る彼のうしろに広がっているんです。

とはいえ、引きこもりだったからといってもチャンネルはしっかりしている。多くが自分の経験というので説得力が違うわけです。

――ということは『Fラン大学就職~』はリサーチ能力から生まれるリアリティ、ナカイドさんのほうは実体験からのリアリティですね。

押井　そうです。わたしがFランという言葉を知ったのもこのチャンネルのおかげ、彼らの生態が面白いと思ったのも『ナカイドのおかげです。Fラン大学生というのはどういう人間なのかを痛切に語ってくれる。

何となく流されて日々を生きている、自分の人生の主人公になれない人たち。日々の快感原則に沿ってゲームをやったりパチンコをやったり。パチンカスの実態も詳しく喋っているからね。まさに受動的娯楽の典型です。

――パチンカスって、パチンコばかりやっている人のこと？　うまい表現ですね。

押井　何度も言うけど、そういううまい表現や言葉が転がっているのがＹｏｕＴｕｂｅですから。誰かが言い出して、それがよければ広まるし、広まりすぎれば飽きられてしまう。最近、親戚の20歳くらいの娘に「激おこぷんぷん丸」という言葉を使ったら「そんな言葉、もう使わない」って言われたけどさ（笑）。

――その言葉、どこかで聞いたことがありますね。

押井　あとは「親ガチャ」とかね。これはナカイドくんもよく使っていて、広めるのに一役買ったんじゃないかな。

まあ、それはさておき、ナカイドくんはＦラン生の生態を紹介していて、サークル活動もしなければ、授業にもまともに出席しない。必要最低限の社会生活しかやらないので、４年間のつけが溜まって、あるとき決算を迫られる――って、喋り倒しているんです。

もちろん、そうならないためにはどうすればいいのかも懇切丁寧に説いてくれている。ヤバい先輩の見分け方とか、自分に都合のいい情報しか得ないような生活からの脱却法とか、さらにはどうやって自分に対する客観性をもつのか？　来年からやろうじゃなく、明日からでもなく、いまからやらなきゃダメだとも言ってくれる。そういうことを自分の体験談や目撃談をもとに喋ってくれるから、大変面白いし説得力があるわけです。

そういう意味では啓蒙家でもあるんだけど……もちろん、本人はそんなことは考えてないだろうし、そういうふうにも作ってない。教育的指導でも啓蒙的でもなく、ちゃんとエンタメとして成立させているところがいいんです。

それに、このナカイドくん、声が大変よろしくて、ルックスもいまどきで悪くはない。そこもポイントです。

——押井さん、いまちょっと見てみましたが、確かにこの声はとてもいいですね。流れるように喋っていますが、これは脚本があるんですよね？　編集もちゃんとしているようだし。

押井　そういうところに手を抜いてないのは基本中の基本です。流れるように喋っているように聴こえているのは、噛んだりした場合は繰り返し編集しているから。噛もうが平気で流しているのはダメです。少なくともわたしの場合は、そういうぶっつけ本番みたいなのは敬遠する。もっと真面目にやってくれよと言いたくなる——といっても、無料で好き勝手見ているんだけどさ（笑）。

それはわたしたちが作る作品にも言えるんですが、それはまた次の機会にして、何が言いたいかというと、ちゃんとこのナカイドくんは努力している人なんだということです！

――はい、この声と流れるように喋っているの、私も好きです。

押井 彼が『クレヨンしんちゃん』の野原家の生活を解説している回があって、これは大変面白かった。しんちゃんの家族構成等、知ってる？

――おとうさんはひろしで、おかあさんはみさえ。ひまわりという妹がいてシロというペットの犬がいる。家は春日部の庭付きの一軒家、ですよね？

押井 そうです。マイカーもあって、月に一度くらいはドライブに行って、年に二度くらいは家族旅行に出かける。この生活をキープしているひろしの年収は果たしていくらくらいなのか？ みさえは専業主婦でパートも何もやってないからね。

――日本の一世帯の平均年収が500万円台と聞いたことがあるので、それくらいなのでは？

押井 みんなそう思っているんじゃないの？「せめて野原家くらいの生活はしたいよな」とか「あの家族が日本の平均だろう」とか。

でも、それは大きな間違いなんです。実はあの生活をキープするには年収1000万円くらいは必要。共働きじゃないと絶対に無理なのにみさえは専業主婦なわけだから、実はひろしは大したおとうさんなんだと説いた回があって、これは大変面白かった。

大卒の生涯年収はいくら、高卒はいくら、おそらくFラン生はいくらと数字をあげていって、Fラン生で結婚した場合は共働きは必須。それでやっと大卒の生涯年収くらいになる。でも、それはギリギリの生活の数字なので、ゲームに課金でもしようものなら崩壊するとか、余裕がなさすぎて夫婦仲もイライラが募り、精神的にも追い詰められるとか、ひとつひとつ検証していくんです。そして、最終手段として3つの選択肢をあげていて、それがFランのなかでエリートになって優良企業に就職するか、独身を貫くか、あるいはイケメンなら金持ち娘と結婚する、とかね。

――その選択肢はかなりハードル高いですね。

押井　『クレヨンしんちゃん』の野原家の生活が、Fラン生にとってはいかに無謀な夢なのかという現実を突きつけ、さらには対策も提案する。これを、圧倒的なテンポで喋り通すんですよ。この回は本当におススメです。わたしは感心したから。『しんちゃん』を例にあげているのがいいですよ。で、ナカイドくんはこれでやっと認知されたんです。ようやくユーチューバーとして軌道にも乗り、ついに念願のゲームチャンネルを始めた。というのも、彼の本当の目的はゲーム系のユーチューバーになることだったんです。ネット、それも大好きなゲームで食べていくと中学生のころから決めていたそうで、ずっといろんな動画やチャンネルを作って試行錯誤を繰り返していた。どれもうまくいかなかったんだけど、ようやく自分の学生時代の体験をネタに面白おかしく語った『Fラン友の会』を、顔出しでやったら当たったんです。

　確かにFラン出身者かもしれないけど、大変な努力家で、しっかりした目標もあって、喋りもうまくて、わたしはなかなかの才能ではないかと思っていたわけです。

▷ ユーチューバーは、映画監督より難しい

――押井さん、もしかしてゲームから彼のチャンネルを見つけたんですか？

押井 そうそう。ゲームのチャンネルは一応、チェックしていて、そこで引っかかった。その一方で『Fラン友の会』をやっていて、それも見て感心したんだよ。ナカイドくんの念願のゲームチャンネルというのは、新作のゲームや、最近打ち切りになったソシャゲとかの辛口批評。もうボロクソに言うの。

そういうチャンネルはYｏｕＴｕｂｅに、それこそ積み上げれば富士山くらいの高さになるだろうくらいあるんだけど、そのなかでも彼のチャンネルがいいのは、ダメなゲームを面白おかしく語っていたからなんだよ。声もいいし、編集もいいからテンポもあり、山のようにあるチャンネルのなかでは抜きん出て面白かった。よくぞ言ってくれた的なところもあって、大変な人気になった。

ところが、あるとき大炎上してしまい、ナカイドくんは心が折れちゃったんですよ。

――辛口批評していたからですね。

押井 そもそもナカイドくんは１００万人もの登録者がいるようなユーチューバーにはなれない。

――なぜ、そう言い切れるんですか？

押井 なぜなら自分のポリシーがあるから。それを絶対に曲げたくないと思っているから。自分の

やりたいことだけをやりたい。自分の褒めたいものだけを褒めたい。迎合はしない。ナカイドくんはゲームをリスペクトしているからこそ、そういうポリシーをもっているんです。ゲームの価値を認めているし、いいゲームが生まれてほしいと真剣に思っている。だから、その反対のダメなゲームは叩きたい。そこには彼の信念があるんです。

――かっこいいじゃないですか！　まるで芯の通ったインディペンデント系の監督さんのようですよ。確かに映画界でもそういう監督さんはマネーメイキング的な存在にはなれませんからね。

押井　だから登録者数は30万、40万人くらいなんだけど、かっこいいんです。ちゃんと自分でプレイして、その感想を加味し、リサーチにも手抜きはなく、データもちゃんと取っている。さらにその動画も、まず結論があり、そのあとに理由が3つあり、総論があって、最後にまとめがある。あっという間に終わるけど、ちゃんと時間をかけて作っている。この構成からもナカイドくんは努力の人だということが伝わってくる。

ゲームに対する愛情が深く、努力家でもある。でも、そう思って彼のチャンネルを見ている人はいなかったんだよ。彼がダメなゲームを叩くのが面白くて見ていただけ。現に、叩けば叩くほど再生回数が伸びていったからね。

――ナカイドさんの心が折れたのは、ファンだと思っていた人に叩かれちゃったから？

押井　ＹｏｕＴｕｂｅを見ている人はそういう折れた者を容赦しない。とことん叩く。それまで「毎週楽しみにしています」と言っていたのに「辛いんで1カ月お休みします」になった途端、半分以上がボロクソ。すごーくイヤなコメントがダーッと並ぶんですよ……わたし、コメント欄は基本、見ないんだけど、ナカイドくんは気になってチラ見しちゃったんだよね。チラっと見ただけでスゴかったから、そりゃあ折れるよなあって。

――「がんばれ！　オレがついてる」みたいな人はいないの？

押井　いるけど少ない。全体の10～15パーセントくらいじゃない？　基本的にみんな面白がりたいだけで、その場が楽しければいい。ネット民と言われる人たちの民度は明らかに低いと言える理由のひとつだよね。そういう人間だからネットにぶら下がっているんです。

とはいえ、それだけだったら、こうやってＹｏｕＴｕｂｅについて話してませんよ。やはり可能性を秘めているし、新しい才能があり、面白い言葉が転がっている。

――押井さん、ＹｏｕＴｕｂｅの話では必ず「言葉」のことを仰いますよね。動画のサイトなのに、やっぱり重要なのは「言葉」だということですね。

押井　そうです。ＹｏｕＴｕｂｅの力は最終的に言葉の力だと、わたしは思っている。これから紹介したいと思っているチャンネルのほとんどは、独特の言葉遣いがあるし、そういう言葉を彼らが創り出している。

実のところ、ＹｏｕＴｕｂｅの動画を見るようになって、改めて言葉の力がいかに大きいかを知ったくらいだからね。

最終的には言葉。ナカイドくんもそう。語りが面白いからみんな食いついたし、わたしも注目した。

――ナカイドさん、声がいいですよー。早く元気になってほしいですね……というか、もう復活したんですか？

押井　一応ね。でも、以前ほどの元気はなくなっちゃったよね。

　彼らはわたしらと違ってネット世代じゃない？　物心ついたときにはネットが生活のなかに普通にあったわけだ。そういう身近な世界で仕事を始めたときに、それがメディアのひとつであるということをちゃんと認識していなかったんだと思うよ。違う言い方をすると覚悟が出来ていなかった。おそらくナカイドくんも。

　わたしらがメディアのなかで仕事をする場合、覚悟をしているんだよ。もう堅気の世界には戻れない、みたいな。でも、ネットの世界はそういう覚悟もなく、なし崩し状態で、気が付けばどっぷりになっている。なぜかと言えば、思い立ったらその日から始められるから。それだけ手軽なので、まさか覚悟が必要だとは思わない。

――それよくわかります。押井さんは監督として作品を世に送り出すまでに、いろんな関門を通過しているわけだから、その間にも覚悟が固まっていく。私たちライターも、自分の文章が記名で活字になるまでは、やっぱりさまざまな関門を通り越さなきゃいけない。でも、ＹｏｕＴｕｂｅは一見、そんなの必要ないように見える。

押井　そうです。コントロールしてくれる人もいなければ、ブレーキをかけてくれる人もいない。

自己責任の世界で、アドバイスをもらうことすら難しい。

ほかのメディアとの大きな違いは、気が付いたら送り手側になっているという場合が多いということだと、わたしは思っている。しかも、何が当たるかわからないから、偶然や確率の世界になってしまう。そうなると、覚悟とか自己研鑽の必要性がなくなる。わたしら監督も、アニメーターも、麻紀さんたちライターも絶対必要な要素なのに、ユーチューバーは必ずしもそうは言えない。必要条件ではあるが十分条件ではないんですよ。

キャラクターだったり、時代だったり、時局柄や時節柄もあるだろう。容姿もあるよ、きっと。たまたま巨乳だったとかね。たまたま巨乳だったから、それを利用してガンプラを作ってみたら100万回以上の再生回数を記録したとかさ。

——ガンプラと巨乳の組みあわせってことですか?

押井 そうです。ただ巨乳のおねえさんがパッパツのセーターを着てガンプラを作っているだけの動画。わたしはそういうおねえさんを「巨乳系」「谷間系」と勝手に呼んでいるけど(笑)。もちろん、その100万人のおにいさんの目はガンプラではなくおねえさんの巨乳と谷間に釘付けですよ。ピアノ弾いているとか、料理しているというのもある。これがTVだとフェミニスト系とかからすぐにクレームが入るだろうけど、YouTubeは自己責任だからいいんです。最近はいろいろとうるさいとはいえ、それくらいなら問題はない。

実はそういう格好をして、その正体はオヤジだったというチャンネルもあり、そういう趣味ではまるでなく、再生回数を増やしたいがためだけにやったものの、もうイヤになって事実を告白した……というような情報もナカイドくんのチャンネルで聞いたんだけどさ。巨乳系のチャンネルを語るという回があって、なぜ巨乳系チャンネルが伸び、なぜ未来がないのかを具体的にチャンネルの例をあげて語るんです。ナカイドくんはそうやってYouTubeの現象を分析することもやっていた。

——客観的な視点をもっていたんですね。

押井　そうです。ちゃんとした表現者だったんですよ。だから面白かった。もし彼が映画監督だったり作家だったり、文筆業だったりすれば、心は折れずに済んだかもしれない。ネットというメディアでインディペンデントの精神を貫くのはいかに大変なのかを身をもって証明したかたちになってしまったよね。

みんな簡単にユーチューバーになれると思っているようだけど、わたしに言わせれば映画監督になるより難しい。なおかつあてどない職業です。

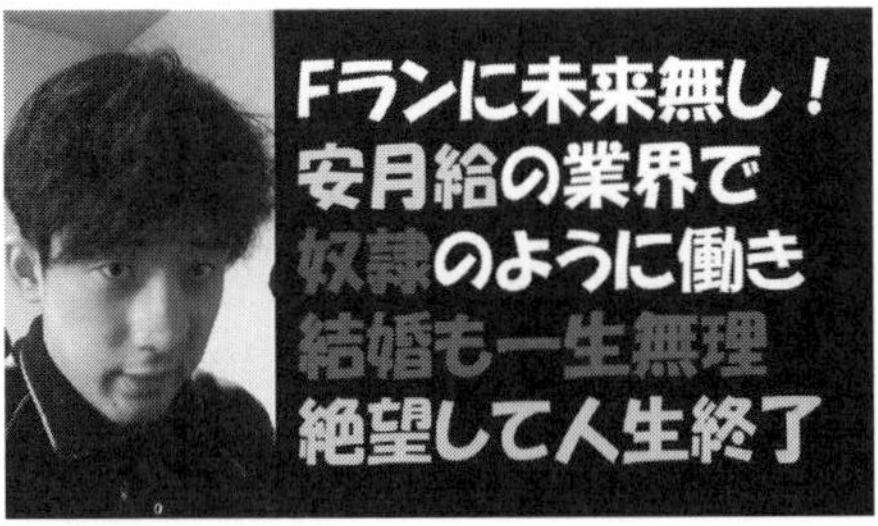
Fランに未来無し！
安月給の業界で
奴隷のように働き
結婚も一生無理
絶望して人生終了

▲「【Fラン先生】Fランの生涯賃金では婚活も出来ず、普通の人生を送れない理由を反面教師が教えます」の回では、『クレヨンしんちゃん』の野原家の生活が当たり前でないことを教えてくれる。

幸福論として完結している

『たっちゃんねる』

食べて飲むのが好きな独身中年会社員の「たっちゃん」が、地元名古屋を中心にひたすら食べて飲み歩くチャンネル。YouTubeは副業らしく、顔出しや声出しはしていないが、画面に映る口から下の姿は「おっさん」を自称する割に若々しく見える。一人旅にもよく出掛けており、ひたすらその土地の美味しいものを食べまくる姿が見ていて清々しい。

◀◀◀チャンネルはこちらから

▷「たっちゃん」は優先順位がわかっている人

――今回は食べ物系の『たっちゃんねる』です。私も押井さんに言われて見たんですが、ただおじさんが食べているだけなのに、つい見ちゃいますね。

押井 でしょ？ おそらくイラつかないからだと思うよ。イラつく原因のひとつである語りがなくてテロップだけだから。

――でも押井さん、これまで紹介してくださった『Fラン大学就職チャンネル』やナカイドくんのチャンネルは語りですよ。

押井 『Fラン』はセリフがよく、ナカイドくんは声もいいし語りと言葉選びのセンスがよかった。そういうのは珍しいんです。彼らが普通だと思ったら大間違いだから。大体、うまくないのに喋っているユーチューバーのほうが多い。そういうの、わたしはダメなんですよ。

――言葉のセンスと言えば、私もナカイドくんのチャンネルを見て「パチンカス」という言葉を知りました。

押井 ナカイドくんが言い出したのか、ほかの誰かが言い出したのか知らないけれど「パチンカス」はなかなかいいよね。あらゆる方面でアレンジ出来る。「演劇カス」とか「映画カス」とか。「ソシャカス」というのは実際に言われているらしい。いわゆるソーシャルゲームばかりやっている人のことですよ。

「パチンカス」というのは、その昔、「パチプロ」と言われていた人たちのことでもあるんじゃないの？　わたしの「立喰師」のルーツでもある。本来なら職業にならないものを職業化する。「パチプロ」には尊敬の念も込められていたけどね。

わたしも学生時代、パチンコにハマっていて、パチプロの師匠がいましたよ。彼にパチンコ屋で彼の師匠を紹介されたことがあって、「私は1日5時間しか（パチンコを）やらないと決めている」と言っていたよね。

――押井さん、5時間で「しか」なんですか？

押井　そうだよ。わたしは12時間くらい店にいたんじゃないのかな？　わたしはダメなんですよ、引き際が悪いの。引き際を知るのは、やはり経験と技術だよね。わたしはそこまでいけなかった。

――は、はあ……。

押井　おそらく学生時代、１００万円くらいはつぎ込んだと思う、パチンコに。もっているお金はすべてつぎ込んでいたから。

――ということは押井さん、映画も観ていたから、映画カスでパチンカスでもあったと？

押井　まあ、そうなるかな（笑）。でも、当時は別に映画カスじゃないよ。いまでいう映画カスというのは、何となく映画をやっている人のことだよ。まあ、わたしに言わせればだけど。お金にならないのにやっているのが「カス」という解釈ですから。

たとえばわたしの知人の助監督。映画の仕事がないときは駐車場の誘導係を1日1万円でやっている。そんなヤツでも映画の仕事にありつくと「チーフ」という役職になったり「助監督」になったりする。彼の場合、映画という仕事だけ、自分の椅子が用意されている。だからそれにこだわる。たとえギャラが悪くても、映画の仕事なら受けるのは、自分の席があるから。社会的に承認されるんですよ。これもまた承認欲求だよね。

こういう仕事の選び方は、その人の生き方なんです。そこに行けば、自分が何者かでありえる。それが重要なんです。本当は映画を諦めて、ちゃんとした職業につけばアルバイトをする必要もないだろうけど、やはりそれは出来ない。やっぱり映画をやりたい……立派な映画カスです。

——なるほど！　ＹｏｕＴｕｂｅが生み出す新しい言葉ですね。そういう新しい言葉、『たっちゃんねる』にもあるんですか？

押井　あるんじゃない？「チャーラー」とかさ。

——聞いたことないです。

押井　チャーハンとラーメンを一緒に食べること。それを『たっちゃんねる』では「チャーラー」と言っているんです。

——それはあまりメジャーじゃないと思うけど……でも『たっちゃんねる』って人気が高いですね。私が見たニューヨーク旅行の回は１００万再生くらいありましたよ。

押井　わたしが見始めたころはそこまで人気はなかったんだけど、どんどん登録者を増やしていった。

　最近はグッズまで作って、完売したなんて言っていたなあ（笑）。

――それはもう、ちゃんとした商売じゃないですか！

押井　そうなるけど、だからといってそれで儲けようというふうにも見えないんだよね。

――その「たっちゃん」は、どうしてそういう食べ歩きのチャンネルをやるようになったんですか？

押井　その辺のことはよくわからないんだよ。食べることが好きで、それを動画にして配信してみたら、意外と反響があって続いているという感じなのかもしれない。

　顔も出してないし喋らないから、首から下の情報とテロップで分析するしかない。わかっている確かなことは、名古屋に住んでいてビールが大好きで、痩せているわりには大食漢というくらいかな。その辺がよくわからないので、想像する楽しみもあるのがYｏｕTｕｂｅだよね。

――押井さんが「オヤジ」といつも言っていたので、私は脂ギッシュで体格のよすぎるオヤジかと思っていたら、むしろ痩せ形のスラっとした人ですよね。ピンクのバーバリーのシャツなんて着ていて、思っていたのと違う！　って感じ。

押井　わたしにとって35歳を過ぎれば立派なオヤジですから。どう見ても35歳は過ぎてるでしょ？　おそらく40も過ぎていると思う。でも、いわゆるオヤジとは違う。小ぎれいで身なりにも気を遣い、食べ方もきれい。にもかかわらず休日の朝っぱらから立ち食い屋に寄ってビールを飲んで「最高！」と言っている。そのギャップがいいんです。

——朝の8時から街に出てビール飲んでいるので驚きましたよ。

押井 おそらく平日はちゃんとした会社で働き、土日だけ食べ歩いている。堅気の勤め人だし、おそらく経済的に余裕があるから身に着けるのはブランドもの。わたしが見た回ではシャネルの財布を買っていたからね。そんな買い物をしつつ、寿がきやのラーメンを食って、最後の〆は味仙のニンニクチャーハン。「今日のコメはちょっと硬いかな」なんて言っている。安い食べ物のよさを絶対に捨てない。

——別にシャネルを買いたいから、寿がきやで我慢しているわけじゃないんですよね？

押井 そうは見えない。わたしが思うに、とても自分の価値体系がはっきりしている人なんですよ。違う言い方をすると優先順位がわかっている人。だから、休日の食べ歩きを妨げるようなことは絶対しない。おそらく独身だと思うんだけど、そういう選択も、家族をもつと休日のお楽しみがなくなるからだよ、きっと。

最近はとても体に気をつけるようになって、ジムにも通っている。ジムで汗を流したあとのビールが旨いことを知って、2、3杯、飲んでるよね。そうやって健康を気にするようになったのも、食べたいもの、飲みたいものがあるから。ちゃんと優先順位がわかっている。

——すべてはそこに行き着くんですね。

押井 そうです。それは彼なりの幸福論なんだよ。自分の経済力の可能な範囲で、自分の好きなことだけやって暮らしたい。それが彼の場合はたまたまビールと食べることだった。それを気持ちよく実行するために働いている。「これがなければ、誰が働くか」と言っているからね。

——私が見たニューヨークの回は、とてもチープな旅行でした。乗り継ぎ便を使って、ホテルまでも電車やバスで移動し、ホテルも安そうなところだった。ある意味、とても旅慣れている感じ。

押井　そうやって海外に行ってもやっていることは同じ。食べて飲んでいるだけ。名所旧跡を回るわけでもないからね。実に潔いんです。幸福論として完結している。迷いがない。

食べ方と同じです。迷わず口に運び、全部食べ切る。ひとつ口に運ぶたびに「うめー」と言っているんだから。登録者はきっと、そういう彼の幸福論に憧れているんですよ。なかなかここまで完結出来ないから。

——それはわかる気がします。数回見ただけですが、幸せな気分になりましたから。私はビールは好きじゃないけど、そんなに美味しいのかなって思っちゃいました。その辺のビールのCMよりダンゼン、旨そうに飲んでますよね。

押井　食べ物系のチャンネルは多いんだけど、彼のはユニークなほうなんだよ。大食い系が主流で、大体が汚らしい。制限時間があるから食べているというより流し込んでいるだけで、食べ方に気を遣っているような暇はない。そういうのは全然美味しそうじゃない。

——そうですね。TVでもそういうのよくありますが、あんなに食料を無駄にしていいのかって思いますよ。いまの時代と逆行している感じ。

押井　もうひとつ、わたしが紹介しようと思っている食べ物系のチャンネルは、同じように美味しそうに食べるタイプ。こっちは顔を出してやっているんですよ。
——じゃあ押井さん、そのチャンネルは次でお願いします。

低予算でいかに幸福感に浸れるか？ の実践者

『ニカタツBLOG』

もともと『ニカタツBLOG』というグルメ系ブログを運営していた「二階堂達也（通称:ニカタツ）」さんによるチャンネルで、ラーメン、チャーハン、デカ盛り定食などB級感のあるグルメを紹介している。チャーハンをおかずに白米を食べたり、ラーメンにハンパじゃない量の味玉をのせたりと、独自の食べ方で驚きの量を食しているが、その食べ姿が美しいのが印象的。

◀◀◀チャンネルはこちらから

▷ 最近のアニメに食事シーンが少ない理由

——押井さん、今日は食べ物系チャンネルをもうひとつ、紹介してくださるそうですが。

押井　食べ物系にはホントいろんなチャンネルがある。栄養学的、衛生学的な真面目なものから料理チャンネルも当然ある。多いのは大食い系なんだけど、わたしは好きじゃない。やっぱり、（食べ方が）きれいじゃないし、そもそも美味しそうじゃない。まえも言ったけど、食べているというより流し込んでいる感じで、はっきり言って苦行にしか見えないから。

わたしは、人が何かを食べる姿が好きなんですよ。自分の作品でもほぼ、食べるシーンを入れる。人間のそういう姿になぜか惹かれてしまうんだよね。

——宮﨑（駿）さんの作品も食べるシーン、結構ありますよね。

押井　宮さんも好きですよ。『千と千尋の神隠し』（01）のおにぎりとかね。いつも言っているけど、宮さんはおにぎりとか蕎麦とかパンとか、シンプルな食べ物を食べる表現が天才的にうまい。なぜかと言えば、当人が食いしん坊で、そういう食べ物が大好きだから。わたしもそうだからよくわかる。ただ、そういうシーンを作画するのは大変難しく、Aクラスのアニメーターじゃないと絶対にうまく描けない。

——『千と千尋』で、千尋のブタに変わる両親が、春巻きを頬張るシーン、担当のアニメーターが宮崎さんに何度もダメ出しを喰らったと当時、話題になってましたよね。

押井　メイキングのドキュメンタリーでやってたんだけど、あれはちょっとやらせっぽい（笑）。でも、いまどきのアニメーターは食べることに興味がないと言われているから、すべてがやらせというわけでもないんじゃないの。それは何を意味しているかと言えば、人間に興味がないということ。興味があるのはキャラクターを動かすことで、女の子がキョロキョロしている姿は喜んで描くからね。それは彼らが、人間性等を表現するのではなく、記号化することからスタートしているということになる。だから、最近のアニメには食事シーンが極端に少なくなっているんですよ。

――興味がないだけじゃなく、描くのがめんどくさいという理由もあるんじゃないですか？

押井　あると思うよ。でもさ、アンパンを頬張ったり蕎麦をすすったりするのは、キャラクターを表現する上でとても大切。食べる姿でその人となり、キャラクターなりが出るんだから。泣いたり笑ったりするシーンと同じなんだよ。純然たる表現のテーマなの！　『千と千尋』の泣きながらおにぎりを食べるシーンを観ればわかるじゃない。あれは本当によく出来ている。さすが宮さんです。

――あのシーンは泣けますよね。

押井　年寄りと子どもじゃ食べ方が違って当然だし、シチュエーションも大事。『コナン』（『未来少年コナン』〈78〉／NHK総合）のスープを飲みながら、パンを割り、みんなとワイワイ言いながら食べるシーン。『ルパン』（『ルパン三世　カリオストロの城』〈79〉）のルパンと次元の、奪い合いながら食べるミートボールスパゲティとかね。そういうのは、どのシチュエーションで何を食べるかが重要。演出の問題であると同時に表現の問題なので、わたしはいつも注目しているんです。

――でも押井さん、最近はアニメだけじゃなく実写にも食べるシーンが少ないんじゃないですか？日本の若い女性タレントのなかには、食べるシーンはNGという人もいると聞いたことがあります。

押井　そうです。どこかの女性記者のインタビューを受けたとき、彼女が「最近の映画に出演する女の子は幽霊みたい。生活感がまるでない」と言っていたけど、大賛成ですよ。

そういうくらいだから実写映画でも食べるシーンはどんどん減っているよね。昔はザ・ピーナッツのラーメンを食べるシーン（『私と私』〈62〉）とか、今村昌平の『にあんちゃん』（59）の大家族でひやむぎを食べるシーンとか。いまはそんなシーンにまず、お目にかかれない……とはいえ、最近見た『闇金ウシジマくん』シリーズは大衆食堂でオムライスをがっつくシーンがあって、これはとても旨そうだった。久々でしたよ、日本の作品でそんなシーンを見たのは。

――押井さん、調べてみたら『ウシジマくん』のオムライスシーン、有名みたいですね。3倍ケチャップをかけて食べるそうです。山田孝之が無表情で美味しく食べるというのがミソなのかも。

押井　わたしの持論のひとつに、「うまい役者は食うシーンもうまい」というのがある。いつも言っているけど『オーシャンズ11』（01）のブラピ（ブラッド・ピット）だよ。スクリーンに登場するたびにジャンクフード系を手にもっていて、きれいに旨そうに食べる。わたしの映画によく出ている藤木（義勝）という役者は、普通の芝居はいいとは言えないんだけど、食べる芝居はとてもいい。だからさんざんアンパンやスイカを食わせたんだよ。彼のようなでっかい男がアンパンにむしゃぶりついていると、なぜかかわいいヤツに見えちゃうから面白いんだよね。

だから、そういうふうに、映画のなかで何かを食べるというのは重要なんです。ラブシーンと同じくらいに重要。

——押井さん、もしかしてラブシーンが不得手だから食べるシーンに力を入れてるんですか？

押井　別にそんなわけじゃないけど、まあ、ラブシーンは本当に苦手ですよ。一度、千葉（繁）くんと鷲尾真知子のラブシーンを撮ったけど……。

——押井さん、それって『紅い眼鏡』（『紅い眼鏡／The Red Spectacles』〈87〉）ですよね。そんなシーンありましたっけ？

押井　いや、鷲尾真知子が千葉くんにコートをかけてあげるシーンですよ。普通はラブシーンとは呼ばないんだろうけど、わたしにとってはあれが精いっぱいなんです！『攻殻』（『GHOST IN THE SHELL／攻殻機動隊』〈95〉）のときも、バトーが素子にコートを着せてあげていて、それがわたしの最大限の愛情表現でありラブシーン。わたしにとってはあれがマックス！

——押井さん、それはレベル低すぎですよ。

押井　そんなことありません！　ベッドシーンだって真面目にやってる監督、少ないんだから。多くの監督が実は苦手なんだって！

——真面目にやっているとわかるのはどんなときなんですか？

押井　記号化されてないときです。ちゃんと個性が出ているラブシーンということ。人によってそういう表現は違って当たり前だから、そこに個性が滲んでいれば、ちゃんと真面目に撮っているということになる。

ほら、（ジェームズ・）キャメロンの『ターミネーター』（84）にもラブシーンあったじゃない？

——カイル・リースとサラ・コナーですね。そうじゃないとジョン・コナーは生まれませんから。

押井　あのラブシーンを観て、わたしはキャメロンもラブシーンは苦手なんだなって思ったからね。上になったり下になったりして、最後は喘ぎ声で終わる。あのシーンこそ、まさに記号化されたラブシーンだよ。

意外と上手なのはデビッド・リーン。『ライアンの娘』（70）の林のなかでのラブシーン。小川徹が「入った瞬間までわかる」と評したシーンですよ。まあ、人妻を演じたサラ・マイルズの演技がよかったという説もあるけど、リーンの演出に気合が入っていたことは確か。なぜなら、セックスシーンを単品としてじゃなく、状況として描いているから。なぜヒロインがこのセックスに一生懸命なのか、そういうことを描いているから、その感情が伝わってくる。官能を感じる理由はそこにあるんです。

——官能的で美しかったですね、あのシーンは。ちなみに彼女の不倫相手の英国軍将校を演じていたのは美青年のクリストファー・ジョーンズでした。確か、脚が悪い役だったような記憶が……。

押井　リーンも真摯に撮っている。真摯な行為というのは、たとえそれが不道徳なシーンであっても胸に迫るものなの。必死の想いでやっているのが伝わるからです。

▷ ニカタツの食べ方は、自由闊達

――なるほど！　で、押井さん、食べ物系のYouTubeの話だったんですけど。

押井　だから、食べ物系のYouTubeで大食い系が多いのは、わかりやすいからですよ。洗面器のような器でラーメンを食ったり、富士山のように盛られた焼きそばを食べてみたり、その圧倒的な量で視認しやすいでしょ？　だから好きな人がいるんです。

でも、果たしてそれは「食う」という行為と言えるのか？　なぜ人は食べるのか？　食べるのはなぜ楽しいのか？　そういうのがわかるほうがわたしはいい。本当に旨そうに、しかもきれいに食べている人ならば、そういう楽しさが伝わってくるんです。稀にそういう人がいて、それが『ニカタツBLOG』の配信者。彼は顔を出してやっている。

このチャンネルは、二階堂達也という男性がやっているのでニカタツ。これが本名なのかは知らないけど一応、そう名乗っている。週に2、3度アップしていて、すでに300本ぐらいあげているから、本職の傍らユーチューバーをしているという感じではない。わたしはこれが本職だと思っているんだけどさ。サラリーマンだとこの頻度は難しいんじゃないの？

しかも、栃木や群馬にも行っていて行動範囲は広い。おそらく東京在住だと思うけど、真相はわからない。顔を出していて、自宅も出ていたけど、どうも自宅は嘘っぽいんだよね。

――爽やかな感じの人ですね。押井さんはどういう経緯でこのチャンネルを知ったんですか？

押井　偶然です。たまたま見て面白かったので見るようになった。印象がよかったのは、あまり喋らないところ。ほとんどがテロップで、ときたま喋るだけ。そこがまず気に入った。

――凄く大盛りのご飯を食べてますね。漫画に登場するカリカチュアされたようなご飯。これを全部、食べちゃうんですか？

押井　そうです。しかもとてもきれいに食べる。蕎麦やうどんの麺類をすするときも途中で嚙み切ったりせずにすべてすする。もちろん、ほぼ完食ですよ。ラーメンのスープもすべて飲み干す。白いご飯が大好きで、ご飯のおかずにラーメンを食べたりスパゲティを食べたり、果てはピザも食べるから。

――ラーメンライスというのは普通ですが、スパゲティやピザでライスというのは聞いたことないですよ。

押井　ニカタツさんは何でもご飯のおかずにする。チャーハンをおかずにご飯を食べるくらい。「このチャーハンはおかずになる。ライスがほしいな」と言って食べるんです。彼の頭のなかには多分、おかずとご飯という組み合わせしかないんだと思う。最後はチャーハン丼と言って、ライスにチャーハンをのっけて食べる。

――そ、それは凄い（笑）。

押井　手でお茶碗やどんぶりをもって食べると、美味しさが三割増しになるという持論が彼にはある。だから最後は、ちゃんと手にもって食べるために自分でどんぶり飯を作るんです。ラーメンのときは、野菜の残りをご飯にのっけて食べるし、ときにはそのスープをかけてお茶漬けというかスープ漬けにして食べる。

いつも大盛りご飯というわけじゃなく、4つのお茶碗にわけて頼むときもある。ひとつのお茶碗はラーメンの具材をのせて食べ、もうひとつはスープをかけ、もうひとつは煮卵と海苔みたいな感じで味を変えてご飯を楽しむんです。どうも卵と海苔の組み合わせが好きみたいで「これが一番美味しいんだ」って。

――チャンネルのホーム画面が煮卵の写真ですが、それは卵好きだから?

押井 とにかく卵が大好きなんだよ。煮卵なんて3、4個じゃ満足出来なくて、7、8個食べる。回転寿司に行ったときも、「何を食べようかなー」と言いながら結局、食べたのは卵だけ。卵だけ30貫ぐらい食べる。ニカタツさんは白いご飯と卵が大好き。あとはひき肉料理も好きだよね。「ひき肉料理に外れナシ」という名言もあって、ハンバーグとか麻婆豆腐とか、かなり食べている。まさに糖質と脂質、美味しいものはこのふたつで出来ているということを証明するかのようなメニューだよ。

――でも、当人はほっそりしていますね。小ぎれいです。

押井 あれだけ食ってるのに、一体どこに収まっているんだと言いたいくらい太ってないし、健康的に見える。

——食べ方が変わっているというかユニークなんですね。

押井　ラーメンの場合は、まず麺を先に食べちゃって、残ったスープでどんぶりを作る。麺は伸びるのが嫌なので先に食べるんです。そういう意味では理に適っている。

ほら、「三角食べ」というのがあるじゃない？　ご飯や汁物、おかずを交互に食べる食べ方。普通の食べ方だよね。でも、ニカタツさんはそんなことしない。ひとつずつ殲滅していく。麺は伸びるから先にすすり、煮卵は大好きだから先に食べる。ドリンクもご飯と一緒に飲むんじゃなくて、最後に一気飲み。水とかウーロン茶を、食事をすべて食べ終わったあとに一気にゴクゴク飲む。「これが爽快なんだ」って。この人なりの食べ方があり、その理由もはっきりしているんです。

しかも低予算なんだよね。B級グルメ……というか、普通の人にとっては「グルメ」じゃないかもしれないけど、自分なりの「B級グルメ」を追求して大体、3000円以内。『たっちゃんねる』は必ずビールを飲んでいたし、それなりに高い店でも食べていたから1日の食べ歩きだけで2万円くらいは使っていた。でも、ニカタツさんはどう見ても3000円以内。酒は一切飲まず、ひたすら食べまくる。その低予算のなかで、どれだけ自分が幸せになるのかを追求しているんです。

——ということは、ニカタツさんも幸福論ですか？

押井　そうです。最初のころ、まさに彼がそう言っていた。「幸せって実は、こんな目の前にあるもんなんだ」云々ってね。ときどき「旨すぎて失神」「旨すぎて気絶」とか言っているんだけどさ（笑）。とにかく食べることが大好き。食べることに関して自分独自のスタイルはあるけど、蘊蓄を並べたり、妙なこだわりを見せたりはしない。いつも同じようなものを、同じように食べて幸せを満喫しているんです。

家系ラーメンなんて、店ごとのローカルルールがあって、それに従わないといけないから、まさにその対極だよね。

――「家系」って最近、耳にしますよね。それに、そういうローカルルール、店に貼りだしているんですか？

押井 いや、だから一見さんはお断りなんだよ。常連だけで、黙って椅子に座り、黙って食べて、黙って出て行く。店への負担は最小限に留めて、客が店に気を遣いまくるんです。

――なんかまずそうな感じですよね？ そこまでして食べるに値する美味しさなんですか？

押井 知りません！ わたしはそういう店に行かないから。家系は豚骨の脂がギトギトなので、下品な食べ物、料理じゃないという人もいるくらいなんだけど、ハマっている人はいるんですよ、結構。

そういうのに比べたら、ニカタツさんは本当に自由。自由に自分の食べ方で食べている。まったく常識にとらわれていなくて、まさに「ニカタツは自由闊達」なんですよ。

――なるほど！ そういうニカタツさんを見ていると、こちらも幸せな気分になりそうですね。

押井 そういうところはあるよね。有名になりたいとか、凄いユーチューバーになりたいというような欲がないから気持ちいい。だから、みんなに愛されているんじゃないの？

わたしはポリシーがはっきりしているユーチューバーが好きなんです。単なる情報発信だと意味がないし、ただただ目立ちたいだけというのもどうでもいい。ＹｏｕＴｕｂｅというのは個人のメディア。企業のプラットフォームを借りて、個人が自分の意見を発信するメディアなんです。だから、個人が透けて見えてこないと面白くない。個人が透けて見えるから「このおっさんは何者？」という好奇心が湧くし、「何を考えている？」という部分でポリシーが伝わってくる。『たっちゃんねる』も、この『ニカタツ』も、そしてこのあと紹介しようと思っているもう1本の食系ユーチューバーも同じ。「何者？」「何を考えてる？」、そういうところが面白い。

YouTubeで見えた、個人の幸福論

――ところで押井さん、ニカタツさんは食べ方が特徴的で面白いと仰っていますが、押井さん自身は何かこだわりのようなものはあるんですか。

押井　昔、とても仲がよくて一緒に映画を観に行っていたヤツ――まあ、そのあとケンカしちゃってこの20年間、口をきいてないんだけどさ。彼のラーメンの食べ方も独特だった。まずは麺の上にのっかっている具を全部食べる。それからおもむろに麺にとりかかる。いつもその食べ方なので、あるとき聞いてみたんだよ。なぜ、そういう食べ方をするのか。答えは「この食べ方が一番落ち着く。麺は気を散らさずゆっくり食べたい」ってね。みんなそれぞれの食べ方があるんです。

――そういう押井さんはどうなんですか？

押井　麺を宙に晒し、まずは冷ましてから口に入れる。猫舌なんでそうなったんですよ。うな重のときも同じ。蓋をとってしばらくしないと食べられない。そういうこともあって、出前が好きなんだよね。ちょっと冷めた出前の蕎麦とかカツ丼とか。昔のどんぶりの蓋は木製で、それを開ける瞬間が好きだった。いまはラップになっちゃったけどさ。

――やっぱり人それぞれですね。

押井　ニカタツさんはコロナ禍のとき、いかにして自分の食べ方を実践するか思案していた。外食出来ないから、馴染みの店に行ってでっかいスペシャルな弁当を作ってもらい、それを公園にもって行って食べる。折り畳み式のテーブルを持参して外食の気分に浸る。古民家のような自宅で食べることもあるけど、さっきも言ったように、自宅じゃないと思うけどさ。でも彼は、そういうことも含めて楽しんでいるんだよ。

顔も出しているし、一応、名前も明かしていて、一応、自宅も出している。もちろん、どこまで本当かはわからないけど、そういうところが面白い。もちろん、本気で調べればわかるとは思うよ。でも、どういう人なのかを想像するのが楽しいからそんなことはしないよね。

――ニカタツさん、イケメンと言われているようですよ。

押井　そうなんじゃない？　ニカタツさんはアンチがいない珍しい人。野心がない人はアンチがいないんだよ。自分の幸福論を追求しているだけだから。奇をてらわない、大向こうのウケを狙わない、蘊蓄を押し付けない、だからアンチが生まれにくい。登録者もそんなに増えない、バズることもない。100万なんてどうがんばってもいかない。おそらく10万、20万くらい。月収にすると40、50万くらいじゃないの？　慎ましく生きればこれで十分です！

――押井さん、野心がないと仰いますが、こうやって人に見せようとするのはどうなんですか？　野心じゃないの？

押井　それは野心とは言いません。

――承認欲求？

押井　いや、それとも違う。承認欲求が強ければ、もっといろんなことをやると思うから。世にいうユーチューバーって野心があるんですよ。これで有名になりたいとか、大儲けをしたいとか。いわゆる上昇志向がある。でも、このニカタツさんをはじめ、わたしが好きなチャンネルの人にはまずそういう人はいない。本来、YouTubeというのはそういうもんだと思っているけどね、わたしは。自分の好きなこと、やりたいことだけをやって100万、200万の人が集まるとは思えない。本当に好きなことだけだったら、やっぱり10万、20万人なんじゃない？

まあ、わたしの映画と同じですよ。やりたい放題の映画を作って、お客さんが100万、200万なんて来るはずがない。わたしが作る映画は5パーセントくらいの人しか興味がないとわかった上で作っているから。

――って押井さん、もしかしてそういうユーチューバーに共感して見ているんですか？

押井　それはある。『Fラン大学就職チャンネル』もナカイドくんも、やりたいことをやっているだけだから、なかなか20万は超えない。ナカイドくんはもっと増やしたいみたいだけど、まえも言った通り、彼はポリシーがあるので100万なんて絶対にいかない。
わたし流に言うと、みんな自分なりの幸福論を追求しているんだよ。
――ということは、押井さんも自分の幸福論を追求しているってことですか？
押井　わたしの生き方は、映画監督としての幸福論を追求していると言っていいだろうね。いかにして映画を楽しむかを追求している。
――それって押井さん、誰かを楽しませるんじゃなくて、自分を楽しませたいんですよね？
押井　そうです。わたしは、自分が楽しくないと映画を作る意味がない。映画を当てようとしていろいろ考えるのはイヤなの。やりたくないんです！
――でも押井さん、普通の監督はそれをやっているんじゃないですか？
押井　そうかもしれないけど、わたしはイヤなんです！
――とはいえ、さすがに『パトレイバー』（『機動警察パトレイバー the Movie』〈89〉）のときは考えたのでは？
押井　考えた。だってほら、監督生活の危機だったから。まずは儲かるものを作ろうとした。そういうことを考えつつ、やりたいことをやろうとしたんだよ。そのふたつをどう成立させるか、それをさんざん考えた結果が『パト1』です。アニメシリーズのほうは売れないと思ったので何も考えず楽しくやりました。

――人を楽しませることを考えなくなったのはどの作品から？

押井　いや、考えてないことはないよ。わたしは基本的に人を楽しませるのは好きだから。こうやって喋るときも、本能的に楽しませようとしているしね。よく（話を）盛ってるとか、ほら吹きとか嘘つきとも言われるけど、否定はしない。（その話が）正しいかどうかは、問題じゃないと思っているから。

――では、自覚したのはいつなんですか？

押井　60歳過ぎてかな。『スカイ・クロラ』（『スカイ・クロラ The Sky Crawlers』〈08〉）は例外で、あれは本気で若い子に観てもらおうと思って作ったんだよ。でも、結果としては、いつも観てくれる人しか観てくれなかった。自分に背を向けている人は相変わらず背を向けたままだった。一生に一回くらい、若い子に向けてちゃんとしたことを言おうとしたのに、届かなかったんだよね。まあ、いつもと同じだったってこと（笑）。

――つまり押井さんは、たとえ好き勝手に作ったとしても、誰かに観てもらいたい。誰かに観てもらって初めて映画になるという持論があるから、押井さんの好きなチャンネルの人の気持ちがわかるんですね？

押井　誰かに観てもらって、語ってもらって映画は初めて映画になる――わたしの持論ですから。たとえアーカイブに10年間入れられていても、その間、誰にも観られていなかったらその映画は死んでいる。
先日、文芸坐（池袋の新文芸坐）でわたしの作品の上映会をやったけれど、いまでも観たいという お客さん、大きなスクリーンで観たいというファンの方がいてくれる。わたしは、自分の作った作品は出来る限り長生きしてほしい。世代が変わり、時代が変わっても観てくれる人がいる。そこでわたしの幸福論は成立しているんだよ。

——何となくわかります。

押井　YouTubeというメディアの核心的部分というのは何か？　いままでのメディアとどこがどう違うのか？　さんざん考えた結果が「個人の幸福論」なんだよ。個人の力が及ぶところだけで成立させる幸福論。今回のニカタツさんは、3000円を超えない値段で、いかに自分が幸福感に浸れるかを実践しているということ。YouTubeのおかげで、そういう個人の幸福論が見えてきたんです。

——100万、200万の登録者を誇るユーチューバーが追求しているのは幸福論じゃないんですね。

押井　それだけの数字はもう個人のレベルじゃないから。でも、ユーチューバーに憧れる人の多くは、そういう人気者を念頭に置いて、一攫千金を狙っている。まあ、98パーセントはそういう人なんじゃないの？　有名になりたい、お金を稼ぎたい、そういう人ですよ。

——ところで押井さん自身、ニカタツさんのような食べ方を真似してみようとか思うんですか？

押井　そういうのはない。ニカタツさんは自己完結していて、真似してみようと思わせない何かがある。誰にも強要していない、おススメもしてないからだよね。自分が楽しければいいだけだから。その潔さが重要なんです。

▲米をおかずに米を食べるニカタツさん。「チャーハンはおかず」というその名もズバリの回も。

インド惚れした気持ちが込もっている

『今日ヤバイ奴に会った』

坪和ひろひささんによる、インドのディープな屋台メシを紹介するチャンネル。30人前のチャーハン、重量1キロのサンドイッチなど日本人の度肝を抜くメニューが登場。屋台のおじさんがスパイスを加えるときに入る擬音「さっ」「ふぁ」や、チーズやソースをたっぷりかけるときのテロップ「親の仇」など独特の字幕センスも光る。

◀◀◀チャンネルはこちらから

▷ よく言うと大らか、悪く言うといい加減なインドの面白さ

――さてさて押井さん、食べ物系のチャンネルを追いかけています。今回はどのチャンネルにしましょう？

押井　やっぱりインドの屋台じゃない？

――よく押井さんが仰っているチャンネルですね……『今日ヤバイ奴に会った』というタイトル。インドの屋台がヤバいってことなんですか？　それともそこで料理を作っている人がヤバいとか？

押井　由来はわかりません。この人の最大の特徴は1本が短いところ。大体3分くらい。長くても10分前後かな。インドの屋台は結局、料理がその長さで完成するから。作る過程を撮影し、出来上がった料理を受け取って「100ルピー（150円くらい）」というテロップが流れる。音声は基本ナシでテロップだけ。そのテロップも「マサラ、どばどば」とか「さわさわ」とか。こちらも最小限。

――料理を食べて食レポするんですか？

押井　食べるところは見せない。短い感想がテロップで流れるだけ。そういう意味では、これまで紹介した食べ物系とは違う。大食いでもないし、食べるところもない。顔も出してなかったけど、日本に帰ってからは出すようになったよね。

おそらく、商社か代理店の駐在員で、コロナ禍になって帰国したんじゃないの？　最近は本も出したらしいから。

――このチャンネルもついつい見ちゃいますね。インドのおっさんたちの作り方が豪快だし、料理の常識を平気で裏切っていて楽しい（笑）。

押井　でしょ？　おそらくこの人、インドが大好きになっちゃったんだよ。そういうのを現地惚れと言って、わたしの知人にもポーランドやオーストラリアに行ったまま住み着いちゃった人がいる。なんか合うんじゃない？　日本にいるより生きやすくて、日本ってやっぱり息苦しい国だと気づかされるんだよ、たぶん。

わたしも若いころはインドに行きたくて貯金していたから。もう絶対に行くと決めていましたよ。丁度、タツノコにいた時期かな？　１００万円貯めたんだけど、諸般の事情からそのお金を使う必要が生まれ、結局はインドを諦めてしまった。

――どうしてインドだったんですか？　スピリチュアル系とか、サタジット・レイのインド映画を観てとか？

押井　まるで違います。わたしもそうだけど、同世代の人間でインドに憧れたのは藤原新也の『印度放浪』という写真エッセイを読んだという共通点がある。ちょっと外れてみたいという願望を抱かせるような本なんですよ。だから、みんな憧れてしまう。

このチャンネルのおじさんの場合はインドはインドでも屋台だったというわけ。ではなぜインドの屋台にハマるのか？　それは屋台がインドという文化のサブカルチャーになっているから。もう立派な文化なんです。

何せこの国の屋台ではあらゆる食べ物があるからね。カレー系はもちろん、パスタ系とかチャーハンは当然、ケーキやかき氷、チョコレートやジュース等、何でもある。おじさんも日本の即席ラーメンとかもち込んで、インド流に調理してもらったりして、その作り方をただ映しているだけ。料理はそういう具合にバラエティに富んでいるんだけど、なぜか調味料や香辛料、投入する野菜等はほぼ同じ。「マサラどばどば」とか「トマトいっぱい」とか「たまご300個」とか。

――「たまご300個」は凄い。

押井　この人は卵焼きを半熟で作ってもらってお腹を壊している。インドの卵は洗っていないので雑菌がいっぱい。しっかり火を通さないといけないのに半熟を頼んでしまったの。屋台のおっさんが「本当にいいのか？」って念を押しているからね。

フライパンも洗っているとは思えないし、大きな鉄板の上で料理する場合はいちいち洗うはずもない。「万能ふきん」でナベや鉄板を拭く人もいるけど、次の料理に混ぜ込んじゃう人も結構いる。でも、そういうことのすべてが楽しそうで、さらには美味しそう。とてもインパクトがあり、彼も解放された気分になったんじゃないのかな？　いろんなことに気遣いししない。いい言い方をすると大らか、悪い言い方だといい加減。でも、それがまるごとインドの文化でありインドの価値観。その大らかさが楽しくて、わたしたちもつい見ちゃうんですよ。

――TVのバラエティ番組に役者の濱田岳が出ていて、「外出はほとんどせず、家でよくYouTubeを見ているんだけど、お気に入りはインドの屋台」と言っていましたね。「あ、押井さんと同じだ」って。この人、これまでのチャンネルとは違って、登録者数が69万人もいますよ。

押井 わたしが見始めたころはそんなにいなかったから、やはりハマる人が多いんだよ。でも、ばっちいのがダメな人は無理。イヌやネコ、ヒツジやウシもその辺にゾロゾロいて、「天使が飛んでる」って。「天使」というのはハエのことなんだけどさ（笑）。

1本の終わりには必ず「インドのネコ」とか「インドのイヌ」とかテロップを流して動物を映す。それもきっと、彼らにとってはインドの文化。その辺にネコやイヌがたくさんいるけど、誰かが飼っているという様子じゃなくて、まさに彼らも生活している感じ。要するに人間と共生しているんです。だから、誰も邪険にしないし、おっぱらったりもしない。屋台の下にはネコやイヌがいて、こぼれた食べ物を美味しくいただいている。そういうのも丸ごとインドの文化。イヌもネコも、おっさんもおばさんも、おねえさんもおにいさんも、みんな一緒くたになって、同じ調味料と凄まじい火力でガーガーと料理を作り上げる。そうやって出来上がるのは、とんでもなく辛いものか、とんでもなく甘いもの、そのどちらかしかない。そういう文化にハマったんですよ、たぶん。

――その感じ、ヒシヒシと伝わってきますね。

押井 そこがこのチャンネルの人気の秘密だよ。ただ映しているだけじゃなくて、そこにインド惚れした彼の気持ちが込められている。おそらく、これが彼の生きる世界。日本じゃないんだね。日本とはまるで違う世界。人間が違う次元で生きている。動物と同じ次元とかね。そこにハマったので、食べるところを見せる必要はない。「歯が溶けそうだった」とか「次の日までお腹すかなかった」とか、簡単な感想だけあればいいんです。

▷ 食と性に関してはみんな〝ヘンタイ〟

――それに押井さんは、そもそも立ち食いがお好きですものね。

押井　そうそう。『立喰師列伝』というシリーズまで撮っているわけだから、そもそも立ち食いが好きなんですよ、わたしは。

いまでこそ道端で食べるという行為はあまり目撃しないけど、わたしたちの小さい頃は普通の光景だったからね。猿回しのおっさんから道路工事のおっさん、外で働いている人は道端で食べるのが当たり前だったし、子どもたちもよく買い食いをしていた。公園で紙芝居があれば屋台も出ていた時代だったからですよ。

――押井さん、立ち食いとか買い食いをよくしていたんですか？

押井　それが、やってないんだよ。家で禁じられていたから、それを守っていた。そのせいもあってか、工事現場で働くおっさんたちがおかずのコロッケを買ってきてドカベンを食っているのが本当に美味しそうで、大きくなったら絶対、道路工事の仕事に就く！と決めていたくらいでさ。

——ということは、意外と厳しかった押井家ではみんなそろって食事をしていた?

押井　いや、そういうわけでもない。洋装店をやっていたから従業員もうちで食べるんだけど、家族も含めて時間が空いた人から順に食べていたので、そろって食べることはまずなかった。

なので家族団らんを味わったことはほぼないと思うよ。そもそも我が家はオヤジの独裁政権で、家族そろって何かを話し合うなんてこともナシ。一時期は家族そろって食べていたこともあるけど、そういう「団らん」という感じはゼロですよ。

そういうせいもあって、なぜ「そろって食べる」ことにこだわるのかが理解出来なかった。太宰治だったかな?「食事は家族そろって決まった時間に食べる儀式みたいなもの。なぜそういう儀式をするのか、子どものころから不思議だった」みたいなことを書いていて、腑に落ちるところがあったよね。やっぱり、イヤだったんです。

子どものころ、一番好きだった食べ方はつまみ食いだよ。夜中に台所に忍び込んで、おにぎり作って食べたり、戸棚の食品を漁ったり。早く家を出て、好きなときに好きなものを食べたいと思っていたので、下宿を始めたときは本当に嬉しかった。食べたいものを食べたい方法で食べたいときに食べる。たとえそれがサバ缶やインスタントラーメンであっても、めちゃくちゃ美味しかったから。

——自由に食べたい少年であり青年だった。

押井　平たく言っちゃえばそうなるのかな。いまでも道端で食べるのは美味そうに見えるし、わたしが立ち食い蕎麦にこだわっているのも、立ち食い、買い食いに対する郷愁ですよ。道端に座ってイヌと一緒にご飯を食べたい。なぜか知らないけど、それがわたしの原体験になっていて、いまだに立ち食い蕎麦が止められない。別に味云々というわけじゃないんだよね。

――だから、こういう立ち食い系にそそられてしまうんですね。

押井　このインドのおっさんを見ていると、そういうことを思い出しちゃうんだよ。道端でご飯を作っていることがとても楽しいし、既存の文化に拘束されない解放感がある。わたしが家を出たときに味わった解放感を思い出しちゃうんだよね。

――解放感はわかります。それに、インドの屋台のおっさんたち自身がとても楽しそうですよね。カメラを向けられているからだけじゃないと思います。

押井　みんなニコニコして気持ちいいよね。インド人が全員、感じがいいわけじゃないだろうけど、屋台のおっさんたちは見ているほうも気持ちがよくなるくらいニコニコしている。日本のラーメン屋のおっさんとは雲泥の差ですよ。屋台じゃないけど、日本のラーメン屋のおっさんって、みんな不機嫌な印象のせいもあるけどさ。

――最近は買い食いはしないですが、随分まえ、上海に行ったとき、路地裏で食べた肉まんが信じられないくらい美味しくてびっくりした。2個で15円くらいだったのにこの旨さ！　いまでも思い出すくらいです。

押井　その美味しさの何パーセントかは買い食いしている喜びですよ、きっと。家にもち帰って食べるんじゃなくて、その場でふうふうしながら食べるのは格別。その肉まんもそうやって食べるものなんだよ、本来は。かつての日本は蕎麦やうどんだけじゃなく、寿司や天ぷらも屋台だったんだから。そういう風習をすべてなくしてしまったというか、追放してしまったから息苦しいんです。

わたしが『立喰師』で描いた世界だよね。野良犬も追放し、全部のイヌを家に抱え込ませてしまった。食事も同じ。家族でするもの、家で食べるもの。レストランや食堂で食べるもの。そうじゃなくて、ひとりで食べながら歩いたっていいじゃないのってことですよ。

——ときどき、パンやおにぎりを食べながら歩いている人を見かけますが、「あ、歩きながら食べてる」って思っちゃいますね。

押井　わたしは、カップ焼きそばを食べながら歩いているおにいさんを見たことがあるよ。しかも雨が降っていたので、器用に傘を差しながら。そういうのを見ると、やはり違和感はある。いつの間にか、そういう日本になっちゃったんだよ。

——実際、自分でも買い食いとか何十年もしてませんからね。もしかしたらその上海が最後かもしれないくらいで。なんか懐かしいですね。

押井　食べるものや食べ方にはその人の価値観が出やすいように、食文化もその国のことがよくわかるんです。わたしはその点、食と性の価値観は人間の頭数だけあると思っている。にもかかわらず、こうじゃなきゃいけないと決めつけているのがいまの文化のありようなんだよ。

食と性に関してはみんなヘンタイです。最後はどんぶりにして食べるニカタツも、インドの屋台に魅せられたこのおっさんも多少、ヘンタイなところがある。でも、そこが好きだし面白い。いまの先進国、日本に限らずだけど、こうじゃなきゃいけないということが多すぎるんだよ。「究極の焼きそば」とか、すぐに「究極」という言葉を使いたがるのがいい例。B級グルメ、ファストフードと言いながら、その正統性を主張しているんだから。

――そういうものにも決まりを作りたがるということ？

押井　本来ならそんなものないのに、すぐに権威をもってきたり決まりを作ったりする。名誉や権力にヒエラルキーがあるのは仕方ないけれど、食や性には基本、ないんだよ。なぜなら、もっとも原初的な要求だから。原初的な文化と言ってもいい。食文化のない国や民族はないでしょ？

だから性に関して、ＬＧＢＴＱなんてことをわざわざ言わなきゃいけないことがおかしいんです、本当は。でも、宗教がらみのタブーがあるから、わざわざ言葉にしてしまわなきゃいけない。本来なら問題視することがおかしいんだから。

それはさておき、この人はいま、日本に帰ってきているようだけど、インドが恋しくなっちゃうんじゃないの？

――絶対そうなると思います！

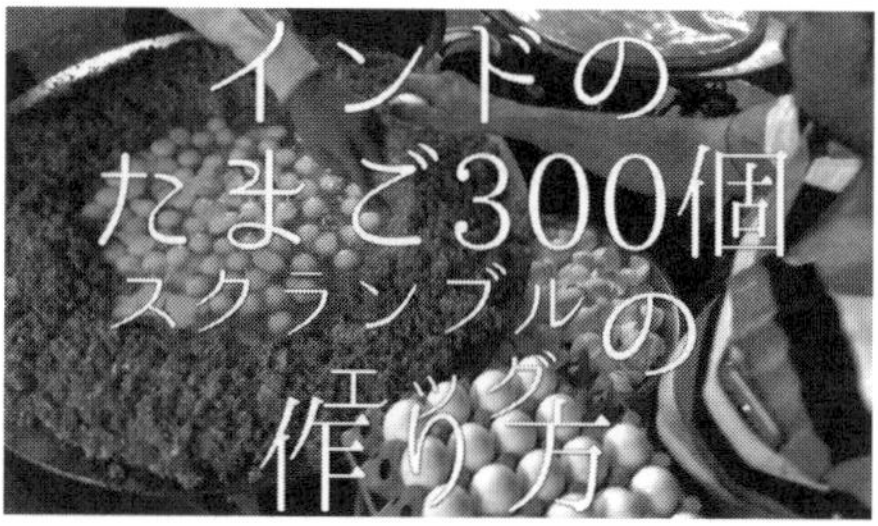

▲平べったい鍋でこぼさずに作っているところにも驚く「インドのたまご300個スクランブルエッグの作り方 / 300 eggs Bhurji」。

映画を観るツボ押さえてます

『映画日和』

映画を鑑賞しながら、感想やツッコミをぼそぼそとつぶやく『映画日和』。しかし、2023年11月に入ってすぐ「映画紹介はやめることにしました。申し訳ございません」というコメントを残してすべての動画が削除されてしまった。今後は「ゲーム実況に足を踏み入れてみたいと思いました（中略）チャンネル名はそのまま映画日和です」ということで、ゲーム実況でぼそぼそトークが楽しめそうだ。

◀◀◀チャンネルはこちらから

▷ 映画チャンネルにとって大事な要素とは？

――今回は映画のチャンネルを紹介して頂きます。

押井　わたしが映画のチャンネルを見るようになったのは、海外の短編映画をたくさんアップしているチャンネルがあって、それが結構面白かったからだよ。アクションやSFばかりを選んでいたので、字幕はないけどさほど問題もなかった。

――押井さんの本、『押井守の映像日記　TVをつけたらやっていた』の最新版もYouTubeで見つけた短編が多かったですもんね。

押井　そうそう。向こうのそういう作品はたとえ短編でもちゃんとお金も手間もかかっていて、それなりに見応えがある。それで注目され、長編監督デビューという場合も最近は多いんじゃないの？

――まさに『第9地区』（09）のニール・ブロムカンプがそうでしたし、『シャザム！』（19）のデビッド・F・サンドバーグもそう。私は彼の短編ホラーをYouTubeで見ましたが、とても面白かった。いまのハリウッドのプロダクションには、YouTubeなどから才能を見つける専門スタッフがいるみたいですよ。

押井　そうだろうね。アップするほうも、ハリウッドデビューを睨んで短編を作っているからクオリティは高くなる。これが日本の場合はどうなのか、日本の短編は見ていないのでよくわからないけど。

でも今回、紹介するのはそういう短編系じゃなくて、映画を紹介するチャンネルだよ。

――そういうチャンネル、それこそごまんとありそうですね。

押井　そうだけど、そのほとんどが面白くない。企業がらみが多くて、演出家がいて脚本家がいてナレーターがいてと、ちゃんと分業スタイルになっている。ナレーターはギャラを抑えるために声優学校に通っている子とかに頼んでいる感じだよね。その手のチャンネルは、流行っている映画や目を引くタイトルばかりを投稿する傾向が強い。それがベタ褒めだったりしたら、もしかして配給会社の回し者？　になっちゃって胡散臭いだけ。ベタ褒めも怪しいし、かといってボロクソもダメ。そういうのを聞いていると不愉快になってくるから。なんでボロクソの映画をわざわざ紹介してんだよ！　という気持ちになって、つきあいたくない。

あと、サムネイル詐欺みたいなのもあって、やたらサムネイルが派手。爆発シーンやアクション、きれいなおねさんの色っぽい写真とかをあげているからいってみるとまるで違うというパターン。アクセス数を稼ぐためだけにサムネイルを派手にしているんだよね。

――そういうお話を聞くと、なかなかいいのはなさそうですね。

押井　何度も言うけど、ＹｏｕＴｕｂｅの規制が厳しくなって映画の動画などを使えなくなったという理由もある。以前はやりたい放題、ネタバレだってやり放題。映画の全編アップもやり放題。わたしの『天使のたまご』（85）も全編アップされていてびっくりしたことがあるくらいだから

（笑）。いまは、そういうことをやるとすぐにBANされちゃいますよ。

——私も、無料で見られるはずのない某BLドラマがあがっていたので見ましたが、次の日には消えていました。ああ、これがBANってやつなんだって。

押井　そうです。で、わたしもいろいろ見て、最終的にいいと思ったのは『映画日和』というチャンネル。映画を流しながら気の弱そうなおにいさんがボソボソと喋っているチャンネル。最初は何を言っているのかわからないくらいだったけど、もう慣れたよね。まあ、見てみてよ。

——お、押井さん、ちょっと見てみましたが、この訛りのあるボソボソ喋り、かなり強烈じゃないですか？　もしかして外国の方？

押井　日本人だよ。なぜそう言い切るかというと、語彙が豊富だから。喋り方のクセは強いけど、言っていることはすこぶるまっとうです。それに、ちゃんと映画チャンネルにとって重要な要素も押さえている。何だと思う？

——恥ずかしいですが、もしかして映画愛？

押井　それもある。でも、一番大切なのは映画との距離感なんですよ。さっきも言ったけど、ひたすら褒めるとか、ひたすらけなすとか両極端はダメ。1回、2回は楽しいかもしれないけど、継続しようという気にはならない。このチャンネルはそういうことはなかったので、過去の作品もすべて見た。

——取り上げている作品は知らないものが多いし、しかも動画ですよ。許可を取っているということとですよね？

押井　取っているんじゃない？　だからＢＡＮされずに残っている。

――1本が短いですね。ほとんど10分前後。それに助走も紹介も何もなくすぐに本題に突入する。

押井　そうそう。役者や監督の話もほとんどナシ。それこそ〝ＴＶをつけたらやっていた〟の感覚に近いんじゃないの？　気合を入れて観たというわけでもなく、ぼんやり観ながら突っ込みを入れる。「このキャラクター、アタマ悪くない？」とか「なぜそっちに行く？」とか。それをときどきテロップで入れているんですよ。

　ということはつまり、垂れ流してブツブツ言っているんじゃなく、ちゃんと編集しているということ。わたしがなぜハマったかというと、その編集がツボだったからです。センスがよくて、映画をちゃんとわかっている。「アインシュタインでも判らない」の回なんて、過去に遡るわけだからややこしいんだけど、編集がうまいからちゃんとわかる。おそらく、映画が好きで、たくさん観ている人なんだと思うよ。

――その作品は『Ｔ－ＮＥＴ／タイムネット』(20)というＳＦみたいですね。いま気づきましたが、このチャンネル、見出しに映画のタイトルも入ってないですね。

押井　そうだね。この人は、映画を観るツボはわかっている。でも、映画は選んでない（笑）、おそらく。アクションとＳＦとかサスペンス系が好きだとは思う。少なくとも文芸ファンじゃないですよ。

――もしかしたら、動画が使える映画というのも選ぶポイントかもしれませんね。

押井　おそらくそれもあるだろうね。彼の選ぶ映画は知らない作品ばかりということもあるせいか、あたかも一緒に観ているような、一緒に喋っているような感覚になる。たとえ聞きづらくても。そこもポイントですよ。

よーく聞いていると、かなり辛辣なことも言っているし、あたかもみかんを食べながらこたつに入って映画を観ている感覚。わたしにとってはただ説明するだけというより、そういう臨場感のほうが重要。だってストーリーや通常の解説が必要なら、そういうのはネットで検索したほうがいいから。

▷ 映画の面白さを伝えるには、話芸も蘊蓄もいる

――確かにそうです。ということは押井さん、そういう臨場感が味わえるチャンネルは少ないということですね？

押井　わたしがいつも言っている持論、憶えてる？

――「映画は語られたときに初めて映画になる」ですよね。ただ観ただけじゃだめで、その映画について語ったときに初めて映画として存在していることになる。

押井　そうです、映画は語った時点で完結する。語られないと映画にならない。いかに語ってもら

うかが重要なんです。『映画日和』の人はそれをわかっていて、ちゃんと自身のチャンネルで実践しているんです。

何度も言うけど、ほかのチャンネルは大体、案件――つまりお仕事で褒め散らかしているか、あるいはよかった、悪かったと評価を下しているだけ。でも、このチャンネルの人はちゃんと映画と語り合っている。違う言い方をすれば、映画を体験させてくれるんです。だから、映画を観ながら、いろいろ喋ってしまうあの感じがとてもよく表現されている。おそらく、ブツブツ言いながら全編を鑑賞し、それを編集しているんじゃないのかな。とても手間暇がかかっていますよ。それこそ映画チャンネルは30、40とリサーチしたけど、こういうふうに映画を語っているのは『映画日和』だけだった。

――押井さん自身、家で映画を観ながらあーでもないこーでもないってお喋りしていると仰ってませんでしたっけ?

押井 そう、まさにその感じです。だから『TVをつけたらやっていた』なんですよ! あの文章、とても簡単に書いているように見えるんじゃない?

――そうですね。軽い感じなので、スイスイ書いていると思っていますが?

押井 あれは〝TVをつけたらやっていた〟という軽さを出すのが大変なんだよ。小難しいことを書いちゃいけないし、もし書いてしまったら「なんちゃって」を付け加えなきゃいけない。しかも、3000字くらいの長さで1本の映画を語るのは難しいんです。だから、たまに前後編にしたりする。
実のところ、映画を語りの面白さで見せるのはかなりハードルが高い。シンちゃん（樋口真嗣）的、佐藤敦紀的な話術やたとえの面白さ、専門性や蘊蓄等、いろんなものをもっていないと他人に映画の面白さは伝えられない。このふたりが映画を語ると、「じゃあ映画館で観てみよう」という気になるからね。

――押井さんはいつもそう仰ってますね。

押井　このふたりが映画を語ると、実際の映画よりダンゼン面白いから。それに騙されてわたしも『北京原人』（『北京原人 Who are you?』〈97〉）を劇場に観に行って、シンちゃんの語りのほうが10倍面白かったというような経験が何度もあるんだよ。まさに話芸なんだけど、これを文章で表現するとなると、また違う能力が必要になる。

――それはわかります。

押井　『映画日和』もそうです。陰キャっぽくブツブツ呟いているのがいい。これが明るくハキハキ喋っていたらまるで違うからね。そもそも、映画はブツブツ言いながら観るもんだし、そうやって文句言いながらも最後まで観ちゃうのを映画好きと言うんだよ。わたしがまさにそうだから。どんなくだらない映画でも最後まで観ちゃう。

――押井さん、〝TVをつけたらやっていた〟というのが著書のタイトルだから、途中から観てませんでしたっけ？

押井　そうです。途中から観て最後まで観るの。とりわけくだらない映画ほど一生懸命観る。どうしてこんなにくだらない作品になってしまったのか？　どういう地雷を踏んだのか？　どういうことをやると、こんなにくだらないものになってしまうのか？　そういうふうに観ているから最後まで観られるの。

――若いころの押井さんは3本立ての劇場で、目的作品以外のダメな2本を何度も観たことがお勉強になったと仰ってましたね。

押井　完成度の高い映画は勉強にならないんです。とりわけ演出する人間、脚本を書く人間は駄作を観て勉強すべきなんですよ。この映画はなぜ駄作になったのか？　それを語ることが出来なければプロじゃない。

――なるほど！

押井　『映画日和』の人は、映画を語ることが楽しいんですよ。この映画が楽しかったと言いたいんじゃなく、映画をこうやって観ると面白いということを伝えようとしている。そのためには、多少ぶっ飛んでいる、穴が空いている作品のほうが語りやすい。完全無欠の映画や傑作のほうが語りづらい。

――確かにそうですね。突っ込みどころが満載のほうが、語ると面白いかも。

押井　いまの世の中は、いいか悪いかの二択の世界になっているから面白くないんです。そういうなかで語りの面白さは決して生まれない。語るときはやはり、自分の価値観を確立させなきゃいけない。確立させるためには、たくさんの映画を観なきゃいけない。価値観というのは、数を観ないと絶対に手に入らないからですよ。そういう意味では、二択でしか語らない人には到底出来ません！

――ということは、この人はちゃんと価値観を手に入れているわけですね？

押井　そうです。映画を観ることに習熟していて価値観をもち、それがブレてない。キャラクターを観て、お話を観て、穴ぼこを見つけて、突っ込むところを突っ込む。データ的な情報が欄外にしかないのも、このチャンネルが情報チャンネルじゃない証拠。

――押井さんは、この人にも幸福論を感じるんですか？

押井　もちろん、ちゃんと自己完結しているから。自己完結しているけど、どこかで自分の価値観を共有してほしいとは思っているわけだよね。だからこのチャンネルをやっている。

わたしの場合は自己完結しているけれど、こうやって麻紀さんと話したり、それを本にまとめることで自分の価値観を共有したいと思っている。わたしが映画の本を出しているのは、こういうふうに映画を観ると楽しいんだよということを語りたいから。批評するつもりもないし、評論家になるつもりもない。そういう映画を観る楽しさを提案するため。わたしの場合は、喋ると楽しいし、それが本になるともっと面白いと思っているんです。

――じゃあ、それが押井さんの幸福論にもなるわけですね？

押井　まあ、そうなるのかな。だから語る相手も選んでいる。麻紀さんと話すときは楽しく、ほかの人のときはもっと理屈っぽく。どちらもわたしとしては面白いんですよ。

▲映画解説チャンネルから、ゲーム実況チャンネルに。こういうところもYouTubeならでは。

YouTubeを足掛かりに
ハリウッドデビューも夢じゃない

短編自主映画の話

▷ YouTubeを見て、才能を探すハリウッド

――前回は押井さんに、激オシのチャンネル『映画日和』について語って頂きました。映画のチャンネルでおススメ出来るのは何とこれしかないという驚くべき答えでした。

押井　まあ、そうだよね。あとは何を見ているかといえば短編ですよ。まだ無名の人たちが作った自主映画。よく見ているのは海外のもので、ジャンル的にはSFとアクション。このジャンルだと言葉の問題もクリアできるから。

アメリカの場合、そういう短編をYouTubeにアップするのは、すでに現場で働いている人が多い。だからスタッフはもちろん、役者もプロが多くなるのでクオリティがしっかりしているものが、思いのほかあるんですよ。各プロダクションやスタジオには、YouTube等を見て才能を探すことを仕事にしているスタッフがいるというのは何度も言っているよね。いまはもう、そういうシステムが出来上がっている。作るほうもそれがわかっているから、YouTubeに作品をあげるのは自分のメッセージの発信であり営業でもある。

スターの主演作や人気監督の作品だけじゃ劇場が埋まらないので、そうやって発掘してきた無名の映画人にチャンスを与えて低予算な映画を作らせている。それが成功したら大きな映画というプロセス。最近の合成大作は基本的に監督とキャスティングにはお金をかけないから、それくらいの

監督でいいわけだ。その代わり、脚本とポスプロにはお金をかけている。

――サンドバーグもハリウッド3作目で突然、『シャザム！』でしたからね。

押井　その昔、たとえば（クエンティン・）タランティーノはレンタルビデオ屋の店員をしながら脚本を書いていて、その店員時代の人脈を使ってハリウッドのプロデューサーに脚本を送った。そのひとりがデビュー作の『レザボア・ドッグス』（92）から組んでいたプロデューサー……誰だっけ？

――ローレンス・ベンダーですね。

押井　そうそう。昔はそうやってチャンスを見つけるしかなかったけど、いまはＹｏｕＴｕｂｅがある。

――日本の場合はどうなんですか？　同じようにＹｏｕＴｕｂｅにあげるんでしょうか？

押井　日本はちょっと事情が違っていて、一旦、プロの現場で働き始めると自主映画や短編はもう作らない。もう現場で働いているからだし、余暇を使って短編を作るというのもしないだろうね。まあ、いまは配信や深夜ドラマがあるので需要が増え、人手が足りないからみんな忙しいんだけど、業界で働き始めたら、それで満足しちゃっているという人が多いんじゃないかなあ。

もちろん、まだがんばって自主映画を撮っている人はいるよ。辻本（貴則）はガンアクション専門だから、そういう需要は日本の映画やＴＶでは少ない。最近は配信のおかげで仕事が増えたとはいえ、まだまだなので自主映画を作ってチャンスをうかがっている。ＹｏｕＴｕｂｅなら世界中の人が見られるから。田口（清隆）は特撮大好き男だから、彼もまた辻本と同じ特殊な監督。一番、仕事をしている湯浅（弘章）は基本、女の子を撮りたいヤツで、実際、撮らせるとうまい。彼も最近まで自主映画を撮っていたよね。でも、湯浅が本当に撮りたいのは畑だから、その需要もないじゃない。

——押井さん、畑って、あの野菜を植えている畑ですか？

押井　そうだよ。湯浅は畑が大好きで、『パト』（『THE NEXT GENERATION パトレイバー』〈14～15〉）を撮ったときも、まっさきに「畑、撮っていいですか？」だったから。いまは畑を撮るのも大変なんだよ。

そういうふうに、それぞれ事情がある。日本の映画界で、そういう趣味を活かした映画を作らせてもらえる可能性は限りなく低いからですよ。なぜなら、そういうニッチなところに目を向けているプロデューサーはゼロだから。彼らは、売れっ子を集めて映画を撮ることしか考えていない。当たっている原作、それなりにヒット作のある監督、いま人気の高い役者やタレント。この3つがそろえばヒットする映画が出来ると思い込んでいる。

——日本映画はそんな印象が強いですね。

押井　昔だったら同人誌とか自主上映が発表の場になるわけだけど、その場合はコストがかかるわけだ。自主上映なんて、その機会や場所を探すのもひと苦労だったわけだし。でも、いまは映画もスマホで撮れる時代。編集もPCがあれば出来る。音声に問題があるなら、セリフのない映画だってOKでしょ。

——それこそリュック・ベッソンの『最後の戦い』(83)ですね。

押井　声帯機能を失ってしまった未来の人間の戦いを描いた、彼の長編デビュー作にして最高傑作だよ。セリフがないのはいろんなメリットがあって、侮れないアイデアなんですから。

まあ、ベッソンはさておき、そういう自主映画を作ったり発信したりする場としてYouTubeの存在は重要。それぞれの立場で、誰もが参加出来る上に、お金もかからないメディア。それをどうやって使いこなしているのか？　それを知ることでYouTubeというメディアの意味がわかってくるはずなんだよ。

わたしはそこに興味があっていろんなチャンネルを見ている。暇つぶしで見ているわけじゃないからね！

これがVチューバーの究極の在り方!?

『あおぎり高校/Vtuber High School』

面白ければ、何でもあり！をモットーに、都内のどこかに存在する『あおぎり高校』を舞台に活動しているVチューバーグループ。現在のメンバーは音霊魂子、石狩あかり、大代真白、山黒音玄、栗駒こまる、千代浦蝶美、我部りえる、エトラ、春雨麗女（2023年11月現在）で、ショート動画シリーズ「Vチューバーあるある」や、ライブ配信、企画動画などを配信中。

◀◀◀チャンネルはこちらから

▷すべてが虚構のVチューバー

――前回は映画に関するチャンネルを紹介していただきました。今回はゲームでしょうか?

押井 うーん……というか今日は、最近やっと理解出来るようになったVチューバーについて話そうかな。「Vチューバー」って知ってる?

――聞いたことあるような気もする程度ですね。「V」というのはヴィジュアルから取っている?

押井 ヴァーチャルです。わたしはヴィデオかなと思っていたんだけどヴァーチャルのVだった。彼らの特徴は、自分の顔を出すのではなくアバターを使う。要するに、自分じゃないキャラクターを通し、チャンネルのなかで語る。声を変える人もいれば、自前の声の人もいる。個人でやる人もいれば、集団で作る人もいる。

――でも押井さん、ユーチューバーには自分の顔を出さない人もいますよね。たとえば、紹介してくれた『Fラン大学就職チャンネル』の人とか。アバターを使うだけだと、そんなに差があるとは思えないんですが。

押井 根本的にちがうんです。あの『Fラン』の人は顔を出してないし、声もボイスロイドを使っているけど、一応、概要欄には軽いプロフィールがあがっていて、自己アピールする場合もある。そういうのは基本、真実の場合が多い。一方、Vチューバーになるとすべてが虚構。顔はアバターだし素性もウソ。虚構のカタマリです。

――そういうことなんですね。

押井　Vチューバーのなかで多かったのは「東方系」と呼ばれるキャラクターを使用しているチャンネル。同人サークルが制作した東方Projectというゲームが由来で、このゲームには女の子のキャラクターがたくさんいる。それを無料で貸し出したから「東方系」と呼ばれるVチューバーが増えたんだよ。お金はいらないけど、使用するなら二次創作であることをちゃんと明記してね、というユルい条件なので増えていった。わんさかいる女の子キャラクターのなかにも人気者がいて、彼女たちが対話するスタイルになっている。

――ヴァーチャルのキャラが対話するだけ？

押井　そうです。あらゆることを語る。ゲームについて軍事について、政治もあれば美容だってある。あらゆることを扱い、それを対話形式で進めていく。

彼らの多くは頭だけ使っているので「饅頭」とか「生首」と呼ばれている。実際のキャラクターにはもちろん下半身もあるんだけど、喋るだけだから頭部だけでいいんです。

これがもっともポピュラーで簡単なVチューバー。脚本を書き、それをボイスロイドで喋らせて編集しアップする。そのなかに「ゆっくり動画」というのがあって、これはこれでもめたんだよ。

――「ゆっくり」って、スローモーションで動くの？

押井　まったく違います。「ゆっくりしていってね」という意味です。「ゆっくり実況」「ゆっくり解説」とか、これもたくさんのチャンネルがある。でも、もめたの。このなかのひとつ「ゆっくり茶番劇」というのを商標登録した人間がいたから。キャラクターのほうは無料でOKなのに、「ゆっくり茶番劇」というスタイルはダメ。もし使うのなら使用料を払えということになり、ネット界隈では大問題になった。結局、商標登録は放棄することになったんだけどさ。

――なかなか商売人がいますね。

押井　そういう虚構のVチューバーを実際に作っている人、アバターを使っている人のことを何というか知ってる？

――もちろん、知りませんが、作っている人なら「メーカー」とか「ビルダー」とか？

押井　違います。「中の人」です。

――それはまんまですね。

押井　アバターの中身の人、なかに入っている人だから「中の人」。

――オリジナルのアバターを使っている人もいるんですよね？

押井　いるよ。完全に3Dのキャラクターをアバターにしているチャンネルがあって、最近はこれが増えている。スタジオで人間にバーチャルスーツを着せてフルスキャンし、実際に演技をさせ、声も録音する。アップするときにアニメのようなキャラクターに置き換えるんです。

――押井さん、それは映画におけるVFXの、いわゆるモーションキャプチャーなのでは？　お金かかってますよね？

押井　そう、モーションキャプチャーだよ。だからお金もかかるので、個人ではなく企業がやっている。それは「事務所」と呼ばれている。Ｖチューバーでチャンネルを作る場合、キャラクターをデザインする人間、コスチュームのデザイン、録音マンや編集マン、それらの作業をするスタジオも必要。どう考えても個人じゃ難しいので「事務所」になる。「事務所」は何人かのＶチューバーを雇ったり契約したりして商売している。言うまでもなく、「事務所」にも大小、さまざまな規模のものがあるんです。

――それはどんな商売になるの？

押井　基本的に「案件」です。タイアップを「案件」というのは何度も話したよね？　それです。これも10万円単位から数千万円まで、とてもばらつきがある。ジャンルも多岐にわたっていて、ゲームや新しい家電やら化粧品やらお菓子やら。新作映画の解説もあるからね。

要するに新しいメディアということ。ＹｏｕＴｕｂｅという場所を借りた小さなＴＶ局みたいな感じかな。ＹｏｕＴｕｂｅに場所代を払って、ゲームやったり、おしゃべりしたり、カップ焼きそば10人前を食べたり、面白いバラエティ番組を発信している感覚。再生回数や登録者数が増えれば広告収入が増え、それに伴って案件も増える。立派な媒体として機能している。

登録者数が１００人とかじゃ案件は来ない。芸能事務所にもＴＶに出て顔を売りイベントで儲けるというパターンがあるし、それと似たようなものだよ。いずれにしても、登録者数を増やして自分自身がメディアになるんです。そうなって初めて商売になる。だから、みんないろいろ知恵を絞る。他のチャンネルと差別化するためにアイデアを出すんだよ。
そんななか、とてもがんばっているチャンネルを見つけたんですよ、わたし。それを是非とも紹介したい。

▷ ごく自然にメタしちゃってる面白さ

押井　『あおぎり高校』（『あおぎり高校／Vtuber High School』）というチャンネルです。女子高生が5人くらいいる15秒くらいのショート動画。長いバージョンもあるけど、わたしが見ているのは短いほう。〝Vチューバーあるある〟的なショート動画をやっていて、これが面白い。

――15秒ってとても短いですね。

押井　いまどきの若者は、ゲームオヤジのように4時間とかやらないの。みんな10秒や20秒という短時間で勝負しているんだから。しかも、そのゲームオヤジが相手にしているのはたったの50人だよ。そのなかにわたしも入ってるんだけどさ（笑）。

――それはそれで興味津々ですけどね。そのチャンネルについてはまた語って頂くとして、この『あおぎり高校』、登録者数が57万4０００人もいる。これは人気ってことなのでは？

押井　最近、増えたんじゃないのかな？　学校形式なので新入生もいれば転校生もいて卒業だってある。チャンネル自体は存続して、イベントや生徒を替えることが出来る。しかも、生徒を複数抱えることで競争意識も芽生えるから刺激にもなる。そういうところもうまいなと思ったんだよね。

——新鮮さも保てそうですし、いろんな女の子がいるのはいいですね。

押井　そのなかでは「大代真白」という子が一番いい。彼女は人気も高いんだよ。

——その女子のどういうところが面白いんですか。

押井　自分自身でVチューバーのギャップを演じているところ。一応、表向きは17歳の女子高生という設定だけど、そんなこと誰も信じていない。じゃあ、その中身は何なんだ、ということをネタにしちゃってる。つまり、Vチューバーの本質とは何かをネタにしているということです。

——ということは、メタなノリなんですね？

押井　そうです。しかもそれをちゃんとエンタテインメントとして面白く見せている。器用だから声も何種類も使い分けていて、かわいい声で喋っていたのが突然、ただの酔っぱらいになったりする。そういう展開は、お酒が好きらしい大代が多いし、彼女がそのメタの表現が一番うまい。本音と建て前、Vチューバーとその中の人のギャップをもっとも面白く見せている。〝大代さんが酔っぱらって逮捕されました〟という動画も作っていて「いつかやると思っていましたよ」というコメントも入っているからね。中の人もお酒が大好きなんだよ。状況自体をメタ的に演出し、Vチューバーの存在自体をネタにしているわけ。それに大代のネタはぶっ飛んでる。たとえば「浣腸動画」をやってみたり。確か、これで少しバズったんじゃなかったかな。

――か、浣腸動画ってなんですか？

押井　イチジク浣腸をして、どれだけ我慢出来るかを生中継するんです。もちろん、実際に浣腸しているシーンはないし、生身の人間じゃないから見てられる。「浣腸をしてきました。どこまで我慢出来るか中継します！」って。雑談しながら我慢を続けているとコメントが入る。「もうトイレに行け！」とか「間に合わなかったらどうするんだ」みたいなコメントが入り、その言葉に応答しながら我慢を続けるんです。それがバズった。結構、下ネタも多いしね。

――下ネタもVチューバーだから、あまり生々しくないんですね？

押井　実際にやっていたらバカだから。Vチューバーだから見ていられるんです。

――彼女たちの本当のプロフィールもわからないんですよね？

押井　わかりません。あおぎり高校のメンバーは面接して採用され、自分たちのキャラクターを当てがわれ、そのキャラのことを考えつつ、自分をどう演出するか知恵を絞ってアイデアを出す。企画も考え、原稿も書く。スタジオや設備、撮影や編集はすべて事務所がプロをつけてやってくれるというシステムですよ、おそらく。

――それなりに人件費や設備費がかかりそうですが、お金はＹｏｕＴｕｂｅの広告だけ？

押井　それだけじゃもちろん、やっていけません。だから「案件」をやるんです。「案件」を取ってきて紹介する。

――押井さん、いま見たらうまい棒のたこ焼き味の回とかありますね。こういうのが「案件」なんでしょうね。あ、ハーゲンダッツもあるけど、これは何とうんこの素をかけて食べるというチャレンジをしていますよ。

押井　だから結構、ギリギリで勝負しているんだよ。パンツを見せるというのもやっていて、それで収益停止を喰らっているから。そうなると広告料が入らなくなるし、それを3回やってしまうとアカバンされる。アカウント停止だよね。

——そうなるとめんどくさそうですね。

押井　アカバンをやられると、もう一度アカウントを取って、ほかのキャラクターでやるしかない。そこまでいっちゃうと初期投資が全部パーになるから、やりすぎも絶対にダメなんです。でも、それさえもネタのひとつとしてやっているのが面白いわけだよね。

事務所をブラック企業というていにしていて、「編集やっていた×××さん、最近、飛んだらしいよ」とかね。「飛んだ」というのは「逃亡した」という意味。無断で会社から逃げ出しちゃったということをネタにしている。そういう身内ネタも含めて、本当に何でもやる。

そういう意味でいうと、Vチューブという形式自体を見世物にしている。わたしの言葉でいうと「自己言及」。自己言及そのものをネタにして動画を作っているんです。自己言及するということは自己批評になるわけで、そのためには自分自身との距離感が必要になる。ということはつまり、彼女たちはちゃんと距離感をもっているわけですよ。映画にも自己言及的なものがある。映画のなかのキャラクターが突然、その映画について語り始めたり。わたしも散々やりましたから。

――このまえの『マトリックス レザレクションズ』が、まさにそういうノリでした。

押井 いわゆるメタ系の演出。だから、メタVチューバーって言っていいんです。

――でも押井さん、メタってある程度の基礎知識がないと楽しめないんじゃないかと思うんですが、どうなんでしょうか？

押井 そうだよ。

――『マトリックス』もそうでしたよね。『マトリックス』シリーズという映画がわかっていて、さらにキアヌ（・リーブス）やウォシャウスキー姉妹のことを知っているととても楽しめるけど、そうじゃないとその面白さがわからない。

押井 だからこのチャンネルも、Vチューバーがどんな存在なのか？ ＹｏｕＴｕｂｅとは何なのか？ そういうことを知っていないと面白くない。麻紀さんのようなＹｏｕＴｕｂｅ初心者が面白がれるかは疑問だよね。ある程度、ネットスキルがないとダメ。ウソかホントか見分けられない人は、ネットに近づかないほうがいいのと同じです。

こういうのはＹｏｕＴｕｂｅのなかをさんざん泳ぎまくった人が面白がれる。どこまでがホントで、どこまでがウソか、その判断が出来ないことを楽しめる人向きだよね。

――それって押井ワールドじゃないですか？ どこまでが現実で、どこまでが虚構なのか？ ですよね。だから押井さん、ハマったんですね！

押井 そういう面白さが普通になったことに驚いたわけですよ。わたしがアニメーションで自己言及したりして、さんざん怒られた時代からするとびっくりだよね。こういうのを見て、みんなが楽しんでいるんだから。

――やっと押井さんがVチューバーを面白がっている理由がわかり始めました。

押井　編集した映像だと、どこまでがホントでどこまでがウソかわからない。スプーンに一瞬、素顔が映っているように見えることもあるけど、それがホントだという保証はどこにもない。だから、そのキャラに興味をもった人はライブを見る。ライブのときにもいろいろとやらかすのでギリギリ感があって面白いし、大代の中身を垣間見たような気持ちになれるから。見ているうちに大代真白の中身に興味がわいてきて、そうか、こうやってみんなキャラにハマっていくんだなあと実感したんだよね。

――そういうメタなチャンネルはほかにはないんですか？

押井　どうなんだろう？　あるのかもしれないけど、わたしは知らないなあ。ゲーム系のVチューバーは結構いても、明らかに演じているのがわかってしまうし。ここまでやっているのは、やはり珍しいんじゃない？

この大代が面白いのは、メタを狙ってるふうじゃないところ。やっているうちにそうなってしまったという感じ。やってみたらそっちのほうがウケたので、じゃあそうしようかってノリだよ。これ見よがしにメタ構造にしているわけじゃなく、ごくごく自然な流れのなかでキャラクターから中身の人に変わってみせる。なぜそう思うかというと、そういうのって計画的には出来ないだろうから。つまり、それくらい自然なわけですよ。

『あおぎり高校』は、いまのVチューバーの究極の在り方だと思う。これ以上は考えにくい。ただ、そうやってスレスレでやっているところが刺激的で面白いので、身バレ、顔バレした段階で終わっちゃうだろうけどね。虚実のドキドキ感を楽しんでいるからそうなるんだよ。もしかしたら、それがエンタメの本質かもしれない。

▲大代真白さんのライブ配信で行われた「【神回】イチジク浣腸を入れたまま我慢の限界まで閉店事件をプレイする」。

閑話休題

サッカーの話

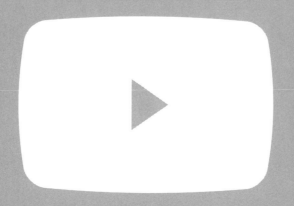

本取材は『FIFA ワールドカップ カタール 2022』開催中の2022年12月1日(木)「日本 VS スペイン戦」のまえに行われたものです。

▷ 敗者をいたわる気持ちがまるでない日本

——押井さん、今回はテロップとナレーションの力について語って頂こうと思います。常々、ナレーションやテロップは、その言葉を真実にしてくれる力があると仰っていますよね。

押井 ナカイドくん、コロナに感染して大変だったみたいだよ。動画があがっていて「生き地獄だった」と言っていた。

——押井さん、ナカイドくん、本当に好きですよね。

押井 まあね（笑）。ナカイドくん、メンタルやられて、2カ月くらい休止して、やっと最近、復帰したにもかかわらず、今度はコロナだから、ついてないなーって。本人はコンビニとスーパーに週1、2回行くくらいで、ほぼ外出してなかったから自分でもびっくりだったみたい。

重症だったようで入院していて、息苦しくて30秒おきに目が覚めて、まるで眠れなかったと言っていた。睡眠薬をもらったけど、それも効かなかったらしい。

——ナカイドくん、鼻がもともと悪いんじゃないですか？　いつも鼻に絆創膏みたいの貼ってますよね？

押井 あれは鼻の通りをよくするためなの。今回、あまりに苦しいんで鼻を診てもらったら鼻骨が変形していることがわかったって。子どものころ鉄棒から落ちたとき顔面を痛めて鼻を折っていたらしいのに、そのままにしていたから変形しちゃったんだって。だから、あまりに苦しかったので今度、手術することにしたと言っていた。

――じゃあ、あのちょっと鼻にかかった声がすてきだったのに、どうなるんでしょうね……いや、押井さん、ナカイドくんの話はさておきで、テロップとナレーションにいきましょうか。

押井　うーん、今回はサッカーにしない？　最近はサッカー関係しか見てないから。ほかの話は乗らないんですよ。

――サッカーって、もしかしてワールドカップですか？

押井　そうそう。日本がドイツに勝ち、コスタリカに負け、今度はスペイン。これで勝たなきゃベスト16には残らないんだけど……。

――押井さんはどう思ってます？

押井　96パーセントの割合で日本が負ける、かな。

――というか押井さん、サッカーってドイツのブンデスリーガとかいうのが好きで、日本チームにはあまり興味がないようなこと、仰ってませんでした？

押井　よく覚えてるじゃん(笑)！　あとはイングランドのプレミアリーグとかね。欧州のチームのほうが好きなんだけど、やはりワールドカップは違う。愛国者じゃないけど心情的には応援したくなるじゃない？　わたしたちと同じ顔をした若者が一生懸命走っているとやはり応援したくなる。

ただ、わたしがライブで見ると負けちゃうことが多いので録画で見てるんだけどさ――というか

ＡＢＥＭＡが全64試合を無料で配信するというから、さっそく入ったんですよ。偉いぞ、ＡＢＥＭＡという気分。社長の決断だったと聞くけど、登録者は凄く増えたはずだから成功したんじゃないの？

結果を知っていると胃も痛まないし安心してゲームを楽しめる。コスタリカ戦もＡＢＥＭＡの見逃し配信で見た。想像通りの展開だったよね。

――というと？

押井　みんなコスタリカは楽勝と思ってたんですよ。でも、それは無知なんです。コスタリカは実は強いチームなの。そもそも地区予選を突破し、ワールドカップに勝ち上がってきたチームなんだから力はある。日本だって四苦八苦してようやく勝ち上がったんだから、同じような力なんですよ。それを、たまたまドイツに勝っちゃったもんだからコスタリカは楽勝と考える。大間違いです。

――日本人にはそういう傾向、ありそうですね。

押井　案の定、コスタリカに負けちゃったよというのが半分くらい。あとの半分は「なぜ負けたんだ？　誰が悪いんだ？」という戦犯探しになる。ＹｏｕＴｕｂｅにはそういう戦犯探し動画がめちゃくちゃあがっているからね。半分くらいは（監督の）森保（一）が悪いことになっていた。

――私はニュースやワイドショーでしか知りませんが、ドイツ戦で勝ったとき、みんな森保監督を賞賛していたような印象ですけど。

押井　そうだよ。「実は名将だったんだ」とかね。でも、ワールドカップが始まるまでは「アイツをクビにしろ」コールが凄かったの。めちゃくちゃ人気がなかった。メンバーを発表したときなんて「なぜこいつを呼ばないんだ?」「絶不調の南野(拓実)をなぜ呼んだ?」とか、彼の采配をみんなが非難してネットは大盛り上がりしていた。

でも、ドイツに勝った途端、それがすべて吹っ飛び「申し訳ございませんでした!」みたいな動画がネットに溢れたんだよ。

——絵に描いたような手のひら返し(笑)。

押井 そこも日本人らしいでしょ? で、麻紀さん、ターンオーバーって知ってる?

——目玉焼きの両面焼きですよね?

押井 そうなんだけど、サッカー用語としても使われているんですよ。サッカーの場合は、先発を大幅に入れ替えて控えを出すこと。コスタリカ戦で森保はこれをやったんですよ。だからメンバーを聞いてみんなびっくりした。おそらく予選のときから森保はターンオーバーをやるつもりだった。なぜならワールドカップは長丁場だから。勝ち上がろうとしたら、どこかで一旦、ターンオーバーしないと選手がもたない。とりわけ今回は過密スケジュールで9日間に3試合しなきゃいけない。しかもワールドカップの1週間前までみんなリーグ戦を戦っているんだよ! だから、これほど怪我人の多いワールドカップも初めてなんですよ。みんな故障を抱えていて、コンディションも難しい。唯一いいのはカタールは小さいので移動がラクという部分だけ。

だからターンオーバーという選択肢は必要なんだけど、じゃあ日本にそんな余裕はあるのか?

ただでさえグループEは〝死のグループ〟と呼ばれているからね。ドイツ、スペインと強豪ばかりがそろったから。だから実際はターンオーバーする余裕はなかったけどやったんですよ。でも、やらなきゃいけないんだったら、やっぱりコスタリカ戦になると思うよ。

ターンオーバーしたせいで負けたと思っているのはたぶん、70パーセントくらい。結果的に負けたから非難されていて、結果論なんですよ。引き分けるか勝っていたら「監督の采配勝ちだ」とかすぐ言い始めるから。万が一、スペインに勝ったら「ターンオーバーしたからよかった」ということになるからね、絶対。

——みなさん、言いたい放題ですね。みんなサッカーファンなのに、なぜ失敗した選手や監督をつるし上げようとするんですか？　昨日まで応援してた人たちですよね？

押井　なぜかわからないけど、サッカーはそういうスポーツになっちゃったんです。サポーターが言いたい放題言っていいスポーツ。みんな自分が監督になった気分で「何で三笘（薫）を最初から出さないんだ！」とか言っちゃう。でも、詳しくはないので結果から逆算してでしか言えない。監督が悪いのか、それとも選手なのか？　これを決めたくってしょうがない。これだけ選手を叩き、監督を叩くスポーツは珍しいんじゃないの？

なぜこんなになったかというと、わたしが思うに、ワールドカップしか見てないサッカーファンが半分以上だからなんだよ。いわゆるにわかファンですよ。そういう奴らが言いたい放題言っている。

――ほかの国はどうなんですか？

押井　ほかの国、韓国とかはそういう傾向が強いように思うけど、日本は近年、本当に酷くなった。敗者をいたわるという気持ちがまるでない。まさに中国の格言「水に落ちた犬は打て」ですよ。とことん痛めつけて再起不能にする。

――韓国は芸能人や政治家もそんな目に遭っている印象ですね。やっぱりネットというかＳＮＳのせいなんでしょうね。

押井　そうです。そういうのもＹｏｕＴｕｂｅを見ていればよーくわかるから。何でも負けた翌日には脅迫状が横行するそうだよ。かつてはワールドカップの勝負を巡って二国間で戦争まで始まったことがある。確か南米あたりだったと思うけど。

――調べてみたら、１９６９年に起きたエルサルバドルとホンジュラスの戦争みたいですね。

押井　そうそう。試合に負けて帰国した選手を射殺というのもあったから。卵をぶつけるなんてかわいいもんだよ。もうこうなると代理戦争なわけです。なぜかサッカーは代理戦争になっちゃったわけ。海外の場合は賭博も関係しているんだろうけど、それにしても酷い話ばかり！

――今回、ワイドショー的な番組には元サッカー選手たちが登場して、いろいろ解説してましたが、さすがに彼らは悪口は言ってなかったですよ。

押井　それはテレビだから。彼らもネットでは言いたい放題だよ。そういう引退したオヤジや長老風のヤツが戦犯探しを率先してやっているの。わたしの好きな中田（英寿）くんは引退して一切サッカーのことは口にしてない。さすがですよ。

――押井さんが今回の戦犯だと思っているのは誰なんですか？

押井　間違いなくFIFA（国際サッカー連盟）だね。彼らが今回の過密スケジュールを組んだんだから。カタールの金に目がくらんじゃったんだよ。誰も選手のこととか考えていない。みんな痛み止めを打ちながらがんばっているんだから、文句言うならFIFAに言えよと、わたしは言いたい。でもさ、FIFAを糾弾している動画なんてほんの少しだけだからね。みんな個人をやり玉にあげたいんです。

こういう拝金主義は日本のJFA（日本サッカー協会）にも言えるんです。彼らも向こう10年くらいの放映権をイギリスの配信会社DAZN（ダゾーン）に売っちゃった。だから地上波でも衛星でも見られない。DAZNに入るしかないんです。これも彼らが目先の金に目がくらんだからなんだけど、どんな影響があるかというと、まず子どもたちが普通に見られないので、サッカー選手になりたいという子もいなくなっちゃう。みんな選手の活躍を見てサッカーに憧れるわけだから、その選手の名前すら覚えるのが難しい状況になってしまう。このJFAの決断のおかげで、これからの日本でのサッカーファンは少なくなると思うよ。

――でも押井さん、もし今回、優勝とかしちゃったらまた違うんじゃないですか？

押井　ワールドカップだけを見るにわかファンが増えるだけです。日本の未来も暗いんですよ。

――それでも、やっぱり見ちゃうんですね。

押井　そんな醜い世界で愛想をつかしているんだけど、始まると見ちゃうの（笑）。いまはサッカーしか見てないし、ワールドカップの決着が着くまでは落ち着かないから、今回はこれでいっちゃったわけですよ。

言葉は字幕になると、説得力が生まれる――

テロップとナレーションの力

▷ わたしたちは字幕に説得されている

――テロップとナレーションの力についてお話頂こうとしているのですが、なぜかなかなか前に進みません（笑）。

押井 いつものことじゃない。

――まあ、そうなんですが。でも、今回は本当にテロップとナレーションの話でお願いします。

押井 「ナレーションを疑うヤツはいない」というセリフは知っている？

――いや、知らないです。

押井 何の映画の誰のセリフだったか、わたしも憶えてないんだけど、『トーキング・ヘッド』（92）のときに使ったんだよ。このセリフを聞いたとき、凄く説得力があると思って。

――言われてみればそうかもしれないですね。第三者の声、神の声という感覚なんでしょうか？

押井 ニュース映像とかドキュメンタリー、はたまたNHKの特集とかでナレーションはよく使われているということもあるのかもしれないけど、見ているほうは真実を聞かされているような気分になる。それと同じで言葉が字幕になるとヘンな説得力が生まれる。

――押井さん、そういうのって、洋画ファンという要素もありませんか？ 字幕に慣れているし、それを信じてますよね？

押井　それは確かにある。洋画ファンというのは、字幕にある程度、説得されているから。

――押井さん、最近の渡辺は韓国ドラマにハマっていると言ったじゃないですか。日本と同じアジア人で文化もアジアなのに、なぜ韓国ドラマにはハマって、日本のドラマや映画にはハマらないのかを考えたとき、字幕の影響があるのかなと思ったんですよ。字幕が出ることで、海外の文化に触れている感覚がある。

押井　それはもう、字幕に説得されちゃっているんですよ、麻紀さん！　ドラマは基本、言葉で成立しているから、明らかにセリフ量が多い。それをテンポよく字幕で見せているので、ついつい説得されてしまう。韓国ドラマのなかには驚くほど安っぽいものもあるけど、それでも何となく見てしまうのは字幕がもつ説得力です。

――いいセリフになると、声を聴くよりも字幕のほうが頭に入りますからね。

押井　それは、ちゃんと整理されているからです。

――確かに！　でも押井さん、YouTubeって動画サイトなのにテロップを使っている人が多いって面白いですね。

押井　喋りがうまくないというのもあるだろうし、編集がラクというのもある。そうやっていたら逆に説得力が生まれたという感じ。そうなると、見ているほうも見やすく、音を消していても楽しめる。BGMを乗っければクリアに聴こえるし、ミックスもいらない。そういう必要上生まれたやり方が、ひとつの形式として落ち着いた。

わたしがおススメしたチャンネルのほとんどはテロップじゃない？『ニカタツＢＬＯＧ』とか『たっちゃんねる』とか。

ＹｏｕＴｕｂｅは基本、映像で売っているわけだけど、一時期、テキストベースでチャンネルをやっている人がいた。動画はナシでテキストだけで読ませるチャンネルだったんだけど、すぐにＢＡＮされちゃったね。ＹｏｕＴｕｂｅの規約として映像作品じゃないとダメというのがあるんだよ。

——テキストだけの人はどういう意図だったんでしょう？

押井　単純に言うと、情報量が多くなるからだろうね。社会問題や政治問題等、モノによっては文字のほうがナレーションよりわかりやすいという場合がある。そもそも、聞くよりも読んだほうが頭に入るし。

軍事系も文字のほうがいい。戦闘機や軍艦の映像も大事なんだけど、スペックや設計思想等になるとダンゼン、文字のほうが頭に入る。軍事関係の用語は喋るのが難しいし、喋っただけではどんな漢字なのかもわからない。略語も多く、その性質上テキストベースなんですよ。

——それは凄く納得です。テキストで見れば一発でわかりますよね。

押井　最近はボイスロイドを使っているチャンネルが多いけど、あれも限界があって、軍事用語に使うとアクセントや発音がまるで違って、何を言っているのかわからなくなる。

——ボイスロイドの声って、私からするととてもわかりづらいんですけど。

押井　いや、あれはやっと実用化したの。ＡＩにはシンタックスやアクセントの問題があって、これをなかなか学んでくれなかった。

——シンタックスって何ですか?

押井　シンタックスは単語を並べる順番のこと。文脈を構成することですよ。単語をただ並べるだけでは文章にならないでしょ。それをどうやって並べるかで初めて文章になる。単語はチンパンジーだってイヌだって覚えられる。イヌは自分の名前はもちろん「ご飯」「散歩」とかはちゃんとわかっているから。そういう意味では、彼らにもちゃんと言語能力はある。発声は出来ないけど、反応は出来るんです。

でも、彼らにはシンタックスは出来ないんだよ。文脈を構成出来るのは人間だけ。単語を並べることでひとつの文章にする。「ほしい」という単語と「バナナ」という単語を関連付けるのは、違う能力だということ。自分自身を視野に収めるパースペクティブがないとシンタックスは獲得出来ない。

——そうなんだ。

押井　だから、言葉が動物と人間を分ける境界線になるのではなく、シンタックスが分かれ目になる。人間の赤ちゃんも最初は「パーパー」とか「マーマー」とか単語を並べているだけなのに、いつの間にかシンタックスを獲得している。それがどの時期なのかは、まだ判明してないみたいだよ。そもそも、人間がシンタックスをどうやって手に入れたのかもわかっていない。まだまだわからないことが多いんですよ。

▷ YouTubeに蓄積され始めた経験則

——押井さん、テロップの話からシンタックスへ飛んでしまいましたよ。

押井 はいはい。だから、とりわけ洋画ファンは字幕（テロップ）に説得されやすい傾向にあるって話をしたんだよね？

——そうです！

押井 わたしは字幕派だから、日本語吹替えの回はパスして見るくらい。BBCのTVシリーズを日本語吹替えで見る気はしないじゃない？

——英国ものは、あのクィーンズイングリッシュで堪能したいです。

押井 それが日本語になっちゃうと「違う」という感じがとても強くなる。もう別の作品と言ってもいいくらい違う。でも、不思議なことに文字だとまるで気にならない。

わたしもテロップについては映画で随分、学んだんですよ。なぜ字幕があるのか？ 字幕は本当に必要なのか？ 吹替えとはどう違うのか？ そういうことをかなり考えた。で、結果として日本映画でも字幕を入れたほうがいいと思うようになった。自分の映画でも絶えず字幕を入れたいと考えたくらいだけど、許してもらえなかったんだよね。ビデオになれば大丈夫だろうと思って交渉しても、それはそれでまたお金がかかるからやっぱりダメって。

——録音に難アリの昔の日本映画や、方言の強いセリフだったりしたら字幕、ほしくなりますけどね。

押井 ジャンルにもよるんだよ。やっぱりSF系や戦争系は文字のほうが頭に入るので、字幕のほうが合っていると思う。専門用語も多いから絶対、字幕があったほうがいい。わたしが自作に字幕を入れたいと思うのも、このジャンルの作品ばかり作っているからかもしれない。

——それは絶対にありそうですね。

押井 YouTubeがいくら映像に特化したメディアだといっても、言語と無縁ではいられないんです。たまに映像だけというチャンネルもないことはないけど、これは基本的にとても退屈。やはり、何がしかのテロップが流れないと続けて見られない。だからみんな、テキスト（テロップ）とボイスロイドと生声の3つを駆使して作っている。これはかなり高級な演出ですよ。日本の少女漫画の吹き出しくらいに高級。

——それって「少女漫画」に限るの？

押井 日本の漫画全体に言えることではあるんだけど、なかでも少女漫画が凄いんですよ。なぜかというと、少年漫画と違って、内面の声が多いから。内なる声を表現するため作家は、吹き出しの位置や書体、手描きの文字にもこだわっている。簡単そうに見えても、実はとても高級な演出です。あんな凝ったことやっているのは日本だけ。海外のコミックはシンプルだから。

日本の場合、吹き出しのかたちや大きさにもこだわるでしょ？ 熱血系だと吹き出しがひたすらデカかったりする。あとは擬音だよね。殴る音にしても「ボコ」「ゴキ」「ゴッ」とかね。「ゴッ」が一番痛そうな擬音になっている。重さがちゃんと表現されているからだよ。

そういう漫画と同じように、演出力を問われるのがYouTubeなんです。何度も言うけど、わたしは自分が監督なので、彼らの演出力を見たい。まだ紹介はしてないけど、料理チャンネルもトークの面白さというより、やはり演出力で選んでいる。テロップと映像、ナレーションだけでちゃんと楽しめるチャンネルもある。ただパンを焼くだけでも映像のテンポがよければ美味しそうに見えるからね。

――例えばそれはどんなチャンネルなんですか?

押井 これはテロップだけなんだけど、『サイボーグAD飯岡チャンネル』というチャンネルがあって、これはローカルTV局のADをやっている女の子の私生活。大飯食って大酒飲んでいるだけの動画で、ときどきバンジージャンプしたりカラオケに行ったりする。この歌が大変上手でびっくりなんだけどさ。

――この人、登録者数が54万3000人ですよ。人気なんですね。

押井 顔もかわいいんだけど、何せファミレスでハイボールを20杯くらい飲んだりする。自分の部屋は結構よくて、地方局のADの給料でこのレベルは難しいのでは? なんて疑問もある。50万人登録しているなら、そのお金もあるのかもしれない云々と冷静に考えると、カラオケで歌ってる動画とか、誰かが撮っているわけだから彼女の場合も虚構が入り込む余地はたくさんあることに気づくわけです。そもそも仕事がADだから、そういう映像系の仲間がいるのは当然だし。

――やはり舞台が日常だから虚構を作りやすいんでしょうね。その手助けをしているのがテロップですね？

押井　この『サイボーグAD』はテロップだけなんですよ。カラオケのときは自分の声だけど、ほかはほぼテロップ。不思議なもので、テロップになった途端、なぜか説得力が生まれてしまう。

――それは面白いですね。

押井　YouTubeを見始めて5年だけど、とても淘汰された感じはする。やっぱり出入りが激しく、消えたチャンネルもたくさんある。でも、わたしが見ているチャンネルは消えない代わりに、登録者もあまり増えない。固定客で成立しているんだと思う。

わたしがときどき見ているおっさんのゲームチャンネルなんて、いまだに登録者数がそんなにないからね。もう5年くらいやっているのに、相変わらずゲームはヘタ。ただただ好きでやっているだけ。でもさ、わずかでも固定客がいるから励みになる。彼がチャンネルを続けられている原動力ですよ。

――押井さん、いつかそのゲームおっさんのチャンネルも紹介してください！

専門家のオタクっぷりにワクワクする

『○○のプロと行く ゲームさんぽ by ライブドアニュース』

気象予報士や精神科医、弁護士といったさまざまなジャンルのプロとともにゲームをプレイし、専門家独自の視点からゲーム世界を語る企画。2023年2月より『ライブドアニュース』と名称を変更し、同企画を配信中。また、ゲームさんぽの元スタッフを中心としたYouTubeチャンネル『ゲームさんぽ/よそ見』等でも、新作動画がアップされている。

ライブドアニュース　　ゲームさんぽ/よそ見

◂◂◂チャンネルはこちらから

▷ゲーム世界で一句詠む俳人にびっくり

押井 今回は『ゲームさんぽ』というチャンネルを紹介しようかな。これはライブドアニュースがやっているチャンネルで、ゲームを見ながら専門家に蘊蓄を語ってもらうという趣向。

――ゲームの蘊蓄？ どうやってこのゲームが生まれたかとか？

押井 いやいや、そんなんじゃ面白くもなんともない。たとえば、そのゲームが犯罪も何でもアリのような内容だったら弁護士を呼んで「あ、いまのは業務上過失致死ですね。おそらく執行猶予が付かないと思いますが」みたいな感じで解説する。確か『GTA（グランド・セフト・オート）』でも弁護士を呼んでいたと思うよ。これは何をやってもOKのゲームで、通行人を殴り倒したり、警官を撃ち殺すことも出来る。だから弁護士も「いや、この行為はないでしょう」とか「これは完全に恐喝です」とか言っていた。

――何と！ それは面白そうですね。

押井 大人気の『龍が如く』になると、ゲームの舞台になっている歌舞伎町を模した街を元警察官と一緒にパトロールするという趣向。「大体、カジノはビルの三階にあるんですよ。このビルはかなり怪しい」みたいな感じで。この元警察官は現役時代、実際に歌舞伎町を取り締まっていたという人だから。

――人選がいいですね。

押井　日本の城が登場するゲームだと城郭の専門家を呼んだりして、石垣の詳しい説明をしてもらったりする。めちゃくちゃニッチなんだけど、呼ばれた人たちはその道の権威ばかり。ゲームも人気のゲームが多いし、もちろん、その辺の使用許可もOKもらってやっている。到底、個人じゃ出来ないことをやっているんです。

――「さんぽ」とついているのはゲーム内をぶらついて解説するからなんですね。

押井　そうです。どれも大体、面白いんだけど、最近のお気に入りは俳人を呼んで、ゲーム内の世界を散策しながら「ここで一句お願いします」と言われて詠んでもらったりする回。『RDR2（レッド・デッド・リデンプションII）』でやっていた。その道の権威の人が呼ばれているわけだから「この辺で一句お願いします」と言われても、すらすらと詠んじゃう。凄いな俳人、と改めて思ったよ。こんなことが出来るのも、最近のゲームの映像のクオリティが映画並みに高いからなんだけどさ。

精神科医を呼んでアドベンチャーゲームの解説をしてもらうというのもあった。「この人はちょっとヤバいキャラクターですね」みたいな感じで。そして、精神科医的に登場人物の心理を分析したりする。野球ゲームのときは、プロ野球選手として活躍していた本当のピッチャーを呼んで解説していた。「いや、いまの球はありえないから」とか。

――その野球ゲームも人気の高いゲームなんですね。

押井　タイトルは覚えてないけど、おそらく人気は高いと思うよ。みんなが知っているところでは『ウマ娘』（『ウマ娘 プリティーダービー』）かな。

——それは私だって知ってます。ＴＶでもＣＭをやってましたから。馬の代わりに美少女が走るんですよね？

押井　まあ、ざっと言えばそうなんじゃない？　このとき呼ばれていたのは短距離走のコーチだった。「この走りはどうですか？」なんて司会進行が尋ねると、コーチが「この子はまだ伸びそうですね」「着地のときの足の角度が悪い」とか、「この子は腕の振り方に無駄が多い」「あ、この子は教えてみたいです」とか。このコーチも確か、オリンピッククラスの選手を育成している人だったと思うよ。

▷ 専門家の選び方がうまい

——その専門家の画像も出るんですか？

押井　出る人と出ない人がいるから、その人の希望に即しているんだと思う。もうひとつの最近のヒットはギリシャ神話の研究家。頭に月桂冠を被り、トーガを着て登場し「わたしは今日、正装で来ました」と言う。このおねえさんはかなり知られたギリシャ神話の研究者ですよ。ギリシャ神話の蘊蓄はかなりためになったよね。

――見つけました！『アサシン クリード オデッセイ』の回に登場された、藤村シシンさんですね。『アサシン クリード』は映画化もされたので私も知ってます。この先生、頭に花の冠をのせてますね。「ここに呼ばれるような人材になりてえ、と思って生きている」と言ってます（笑）。彼女と一緒にアテナイを観光する回ですね。

押井　そうそう、そのおねえさんは面白いんですよ。人気も高いらしく、何度か招かれていると思うよ。腐女子丸出しで喋ったりして、もうノリノリ。

――本当に楽しそうにお喋りしてますね。

押井　ギリシャ神話は時代によって編集されていて、いまみんなが読んでいるギリシャ神話は100年、200年くらいまえに改編されたもので、古代ギリシャの神話とは別物なんていうのも、このおねえさんから聞いたこと。楽しいだけじゃなく、ちゃんと勉強にもなるところがいい。ただ、このおねえさんはよく脱線するんだよ。「今日は絶対、3人分の解説をするわよ！」なんて最初に誓いつつ、結局はひとりで終わったり。まあ、麻紀さんと同じだよ（笑）。

――押井さん、実際のスナイパーまで出てますよ！

押井　ああ、『Escape from Tarkov』というゲームの解説でしょ。スナイパーと元海外特殊部隊の人が出てきてスナイピングを見ながら「いや、これはちょっと無理でしょう」とか突っ込んでいた。大体、専門家の選び方が上手で、大体どれも面白い。企画としてはNHKっぽいんだけど、遥かに面白いから。

——映画のブルーレイの特典についている、監督や関係者によるオーディオコメンタリーみたいな感じですね。

押井　たぶん、発想はその辺にあるんじゃないの？

▷企業の良さが反映された企画

——これまで押井さんが紹介してくださったのは個人でがんばっているチャンネルが多かったので、企業が運営しているのはちょっと異色ですよね。

押井　これは組織力がないと出来ないから。番組にしてもNHKじゃないと制作できないというプログラムがあって、これはまさにそんな感じ。ただし、実際のNHKのプログラムよりテンポがいいし面白い。しかも専門知識が増えて勉強にもなる。NHKはダルいでしょ？　隠された歴史ふうの番組をやっても、スタジオにわざわざセットを組んで再現ドラマをやったりする。それがテンポを悪くしている。

それにしてもNHKって、タレント呼ぶの大好きだよね。ヒューマンサイエンスの番組の司会をなぜか織田裕二にやらせている。別に局アナでもいいだろうと思うんだけど。

——私がお正月に見たサイエンス系の番組でも、堺雅人をはじめとした役者たちをたくさん登場させて、見てるほうが恥ずかしくなるような寸劇をやらせてましたね。「いらねーだろ、これ」ってつぶやいちゃいました。受信料を払っているのは私たちなので、無駄遣いはしてほしくないなと思ってしまいますよね。

押井　そうなんだよ。なぜかNHKはタレントを呼びたがる。大衆的にやっていますよというつもりなのかもしれないけど、余計なお世話と言いたい。医学番組やサイエンス番組にお笑いタレントとか呼んでもうるさいだけだから。

――わかります！

押井　NHKが好きなタレントってタイプがあるんだよ。若い女性なら、都会風のショートカットでボソボソ喋る不思議系。ボソボソ喋るんで、何を言っているのかよくわからない。

――えっ？　それを押井さんが言う？

押井　テレビに出るんだったらシャキッと喋ろと言いたいんです！

――押井さん、テレビに出るときシャキッと喋ってます？

押井　だから、わたしが出たときはテロップを流してくれと頼んだんです。本当にテロップを流してくれたときがあって「初めて何を言っているかわかってよかった」と言われたけどね（笑）……というか、ほら、また脱線したじゃない。

――あ、すみません。思わず突っ込んじゃったので。というわけで、この『ゲームさんぽ』は個人では絶対に出来ないチャンネルだということですね。

押井　そうです。TVでも無理だし、配信でも無理。脱線するのが魅力のひとつで、脱線したらもう1エピソード作ればいいだけ。そういう柔軟性をもっているのがＹｏｕＴｕｂｅというメディアなんですよ。

見ていて楽しいのはゲストの人たちもとてもノリノリで話しているからなんだけど、そういうリラックス感もやはりＹｏｕＴｕｂｅならでは。ＴＶだと絶対こうはいかないから。早い話、お金のかけがいのある企画なんです、これは。

――そうですね。チラリと見ただけですが、とても面白そうです。ネタにも困らないでしょうしね。

押井　つぎつぎとゲームは生まれるし、オタク系の専門家も多岐に及んでいる。これからはきっと、科学者とかバンバン出てくるんじゃないの？

ＳＦ系のゲームで物理学者とか面白い組み合わせになるよね。わたしが会った物理系の学者はもれなくオタクだったから。みんな『攻殻』のファンで、ナノマシンを開発しているおじさんは、ビールを飲んでいるときに呼び出しのかかったバトーが、一瞬にして血液中のアルコールを分解する装置を体内にインプラントしているという設定を観たとき、そういう研究をしてみたいと思ったと言っていた。彼らとそういう話をしていると本当に面白いし、根っこの部分がオタクなんだなって痛感するわけですよ。

――ということは、まさに『ゲームさんぽ』はそういう話を無料で聞けて、そのオタクっぷりにワクワクする素晴らしい企画だってことですね。

押井　しかも、運営しているのが企業なので頻繁に更新してくれるし。企業のよさが反映されているチャンネルですよ。

東京的現実に生きている人に見てもらいたい

台湾のバイクチャンネルたち

『chain kung』『RIDE χ 三寶』『事故警示録』

台湾等の道路事情や、交通事故の決定的瞬間をとらえた動画を配信しているチャンネル。台湾では、車やバイクでの乱暴な運転による事故が多発しており、長年にわたって大きな社会問題になっているそうだが、それも納得できてしまう交通環境で、それぞれが自分ファーストでかっ飛ばしている様子が見てとれる。

『RIDE χ 三寶』　『事故警示録』　※『chain kung』はチャンネル終了。

◀◀◀チャンネルはこちらから

▷ 生命感に溢れた台北的日常

——押井さん、今回、紹介していただくのはどんなチャンネルでしょうか？

押井 じゃあ、ここ3週間くらいまえから見始めたチャンネルにしようかな。きっかけは覚えてないけど、かなり気に入っていて3つくらい追いかけている。まずは台湾のバイクのチャンネル『chainkung（現在はチャンネル終了）』と『RIDE χ 三寶』。

——台湾ですか。自慢のバイクの紹介？

押井 いやいや、いわゆるバイカーのチャンネルだよ。バイク好きのおにいさんが、ヘルメットとバイクの前と後ろ、3カ所にカメラを付けて台北等の街を流している映像。早口でいろいろ喋っているけど、もちろん何を言っているのかわからない。でも、めちゃくちゃ楽しそうなの。

——何が映っているんですか？

押井 いろいろだけど、目玉は交通事故かな。

——押井さん、それは結構ヤバくないですか？

押井 ヤバいよ。でも、大らかで楽しそうなんだよね（笑）。ほら、わたしって『ケルベロス』（『ケルベロス 地獄の番犬』〈91〉）のとき、台湾に何度も行ってるじゃない？ 撮影中の2カ月は台北に住んでいたくらい馴染みがある。当時、驚いたのは、とても交通事故が多いこと。たまたま事故に遭遇するんじゃなくて、事故のほうから現れる感じってわかる？　それくらい事故が多いんだよ。まさに〝犬も歩けば事故にあたる〟だよね。しょっちゅう、ガッチャンガッチャンやっているから。

――そ、そうなんですか？　どうしてそうなるの？

押井　誰も交通ルールを守らないからだよ。みんなエネルギッシュで自分の好きなように走っている。信号は守らないし、対向車線にも平気で入ってくる。外側から思いっきり右折したり、みなさん自分の都合しか考えていない。

――押井さん、それはもう中華系思考回路なのでは？

押井　１００パーセントそうです。そうすると、あっちでガッチャン、こっちでガッチャンになる。ガッチャンだけならまだよくて、ときには人間が宙を舞うこともある。わたしが目撃したのは、スクーターに乗った兄弟らしきふたりが、後ろからタクシーに追突され、ものの見事にひとりが宙を舞ったからね。しかもそのふたり、小学生くらいなんだよ。

――ということは、無免許？

押井　どうも向こうの人、バイクや車を走らせている人の半分は無免許、これが田舎に行くと90％が無免許らしい。警官に免許を見せる機会があまりないから平気なんだって（笑）。

――何というテキトーさ！

押井　たとえば、１台のスクーターに5人家族全員乗って外食に行くなんてのも普通にある。旦那が運転して、奥さんが後部。ふたりの間に子どもがひとり挟まれていて、旦那の足元にもうひとり。3人目は奥さんの背中という感じで5人がごくごく普通に移動している。ときどき、そこにイヌがプラスされてることもある。要するにスクーターが自家用車なんだよ。

——でも押井さん、それはもう30年以上もまえのことでは？

押井　だから、そうじゃなかったから今回取り上げたんですよ。そのほかにも車とバイクの『事故警示録』なんてのもあって、その3つのチャンネルを見る限り、わたしが台湾によく行っていたときとさして変わっていなかった。スクーターがバイクになり、車がちょっと高級になったくらい。基本、同じように信号無視して好きなように走っている。信号が赤になったら車が歩道に乗り上げて右折するという映像もあったね。

次の青信号まで待てないんですよ。リヤカーを引きながら、横断歩道でもない道を横切るおっさんがいたり、突然、車のドアが開いてぶっ飛ばされたり。当人は「f●ck！」と言って終わり。臨場感たっぷりで、生スラップスティック状態。

——すっごーい！　そういう人、どれくらいのスピードで走っているの？　怪我人はどうなるの？

押井　前方に車のない限り全速力。事故の場合も、怪我人が起き上がればOK、起き上がらなければ救急車。人間ってこれでも大丈夫なんだと、わたしも驚いたから。事故とか暴力とか、恐怖とか危機感とか、見たくないとか、顔を背けるとか、出来ればそこを避けるとか、そういうことをせずに、真正面から見ていると、これが意外と滑稽だったりする。後ろに1回転して落っこちたりしても、次の瞬間、普通に立ち上がっている。事故って血だらけになってもブツブツ言いながら、そのままバイクを起こして走り去るオヤジもいるし。子どもが車のリアウインドウにべちゃっと貼りつくような、ＹｏｕＴｕｂｅ大丈夫か？　みたいな映像だってある。

——事故のあとはどうなんです？　処理しているの？

押井　もちろん、してません。現場処理もなく、後ろの車は残骸を避けるだけ。日本だと小さな事故でもすぐに規制線を張ったりするけど、そういうのは救急車を呼ぶような大事故だけ。基本、好き勝手ですよ。でも、薄着のおねえさんが転がっちゃったときは、みんな群がっていたね。おねえさんは蹴散らしていたけど。反対におっさんの場合はみんな無視ですよ。たとえ血を流していても無視（笑）。少なくとも、交通規制に関していうなら法治国家じゃないね。みんな、自分の都合だけで走っている。

——私も中国で経験しましたよ。バスで移動していたら、そのまえにバイクのおっさんが立ちはだかり「オレはここを通りたいからどけ」と叫んでいる。私たちのバスは交通規則を守っているのに、お構いなしでした。

押井　それが中国人です。ただし、自分の都合しか考えないぶん、他人にも興味がない。自分に利害が及ばない限り、他人が何をしようと平気だから。

——一応、筋は通っている。しかも大らか。

押井　わたしが気に入ったのは、そういう大らかさなんですよ。たとえば、ひと昔まえの日本ではパチンコ屋のオープンにチンドン屋を雇って宣伝してたじゃない？　そんな感じで、台湾ではちょっと変わった宣伝を人間を使ってやっていた。店のまえに大きなガラスかアクリルのBOXを置いて、そのなかでビキニのおねえさんに踊ってもらう。人間そのものが商品という感覚だよね。それに連れられてオヤジが買いに来てくれればいいという感覚。山車の場合は、トラックの荷台に張り出した鉄骨をつけて、その上に化粧した子どもたちを乗っけて2時間くらい走り回る。いわば生宣伝だよね。

——押井さん、それはもう『マッドマックス』なのでは？

押井　まさにソレです。あれをまんまやっているの。もちろん徐行運転しながらだけどさ。日本人なら、子どもをそんな宣伝に使っていいのかとか、2時間も危険な目に遭わせるのは法律に触れるだろうとかすぐ考えるけど、向こうの人はお金を払っているので問題はないという考え方。そうやってお金を稼ぐおねえさんも子どもの親もいるはずだからね。そういうのを見ると、自分を商売道具にしちゃって、大らかだなあと思うんですよ。

　そういうことからも、人間っておかしいんだけど物悲しいという気持ちがわいてくる。まさに悲喜こもごも。交通事故とか聞くと、悲惨なイメージしかわかないけど、もっと違う感覚がそこにある。

——アジアってそういうのあるんですかね。私がタイに行ったとき、病院の受付みたいなところに、たくさんの遺体の写真が展示されていた。どうも身元不明者みたいで、それを見に来る人もいる。

押井　いまの日本で生きていると、いろんなものが隠されている。ニュースを見ていても、遺体が運び出されているとき、ブルーシートをかけて必死で隠している。あそこまで一生懸命なのは日本くらいですよ。そういう映像を見るにつけ、日本はいろんな現実に蓋をしているんだろうなと思わざるを得ない。

――押井さん、それは痛感します！

押井　そういう日本的な日常で生きていると、事故の映像にスーパーマリオの音楽をかけて楽しんでいたりするのが、台北的日常だと謳ったこのチャンネルの映像が心地いいわけです。

――同じアジアでも、日本とはまるで違う日常ですね。

押井　やっぱり、そっちのほうが楽しそうなんだよ。人を気遣って、世間を気遣って生きている日本的日常と、オレ様状態で街をかっ飛ばしている台北的日常。どっちが楽しそうかと言えば、台北になってしまう。初めて見たときはびっくりしたけど、明らかに台北のにいちゃんたちのほうが活き活きしていて、生命感に溢れている。

――なるほど！

押井　東京的現実に生きている人には、ぜひとも見てもらいたいですよ。

吹替えのうまさ、巧みな脚本で笑いを追求する

『六丸の工房』

自身の姿を一切見せないユーチューバー「六丸の工房」さんによるチャンネル。映像やイラストにアフレコをしていくスタイルで、練られた脚本、言葉選びのセンス、イケボから繰り出される下ネタのギャップなどで人気を博しており、「【2018年版】オフサイド知らないけど世界最高峰の試合を実況解説する【サッカー】」は1076万回を超えて視聴されている。また、ゲーム動画が中心のサブアカウント『六丸の第二工房』もある。

◂◂◂チャンネルはこちらから

▷ あのヘンリー・フォンダが『五等分の花嫁』を語るギャップ

――押井さん、今回はどんなチャンネルをご紹介して頂けますか？

押井　そうだな……『六丸の工房』にしようか。

――もしかしてそれは、勝手にアフレコしているってチャンネル？

押井　そうそう。映画はもちろん、真面目なTVドキュメンタリーとか国際会議、何とか博士のインタビューや政治家のインタビュー。そういうのを勝手に面白おかしくアフレコしている。オリジナルはクソ真面目なんだけど、アフレコはおふざけ。やっている人の趣味なのか、ゲームネタとアニメネタ、ときどき下ネタって感じかな。最近のおススメは『ランボー』(82）です。

――（シルベスター・）スタローンの『ランボー』。映像はどうしているんですか？

押井　イラストですよ。紙芝居形式だね。『ランボー』はラストのトラウトマン大佐とのやりとりをピックアップしてやっている。オリジナルは追い詰められて立てこもったランボーに大佐が「もう戦争は終わったんだ。この辺で手を打て」みたいなことを言い、ランボーが「終わっちゃいねえ！オレは戦場で100万ドルの武器をあつかっていたんだ。でも、いまは駐車場の係員にもなれねえ！……」みたいな長セリフをボロボロと泣きながら言うんだけど、それが「オレのガチャは終わっちゃいねえ」「明日からモヤシも食えやしない」とかになっているわけ。

どこが凄いかって、ひとりがすべての声を吹替えているんだよ。女性キャラの場合はときどき女性のゲストが参加しているけど、ほとんどひとりでやっている。

――ひとりの人がって、確かに凄いですね。

押井　『十二人の怒れる男』（57）もひとりでやっているんだよ。

――シドニー・ルメットの陪審員映画ですね。殺人犯にされた17才の少年の裁判で11人の男性陪審員が有罪を下し、ひとりだけが無実を主張する……ということはヘンリー・フォンダをはじめとしたおっさんたちの声を全部ひとりでやっている？

押井　そうです。オリジナルは大変真面目な社会派ドラマだけど、それがここでは『五等分の花嫁』（19／TBSほか）というアニメを巡る殺人事件の話になっている。ヘンリー・フォンダがクソ真面目な顔をして『五等分の花嫁』の話をするわけだ。どのキャラをわたしは推しているとかね。そのギャップで笑わせる。

――……押井さん、いまチラ見しましたけど、仰る通りですね。それにしても吹替えがお上手！　間の取り方とかプロじゃないですか！　実はとても有名な声優さんなのでは？

押井　いや、素人らしいよ、信じられないけど。扱ってるネタを見れば、オタクであることには間違いない。

『スター・ウォーズ』（77）もあって、ダース・ベイダーが春アニメについて兵士たちと語るというテーマでやっている。ダース・ベイダーが自分に反論する帝国軍の高官をフォースでこらしめるシーンは、自分の推しをディスった高官をフォースでやっつけていた。確かこれは、実際の映像を使っていたと思うよ。『アベンジャーズ』（12）は紙芝居形式で、『FGO』（『Fate／Grand Order』）の最ママを決めるために論争するアベンジャーズという内容。一応、紙芝居形式の絵は作品によって変えているのもポイント高い。

『ハリー・ポッター』シリーズでは、スネイプ先生が教室に入ってきて「春アニメの覇権を決めよう」と言うと生徒たちが騒ぎ、チョークを投げつけて「君たちはわかってない」とか言うんだけど、その声がスネイプ先生の吹替えの声にそっくりなんだよ。吹替えのものまねもしているんだよね。そういう意味でも超マニアックなチャンネル。ネタが限定的だから爆発的な人気にはなっていないんじゃないの？　登録者数も50万くらいでしょ？

――押井さん、75万人もいますよ。

押井　あ、また増えたんだ。でも、その数字以上に面白いアイデアだし芸だと思うけど、100万以上になるのは難しいと思う。

――ちょっとチェックしてみたらガチャネタが多いですね。海外の裁判らしき映像もガチャネタばかり。こんなにお金をつぎ込んだのにお気に入りのキャラが出てこないとか。

押井　ガチャは10回で1万円とか1万8000円とかするから、あっという間に5万円、10万円になっちゃう。それでゲームメーカーは食っている。

――押井さん、それって実体のないデータに過ぎないですよね？　フィギュア等だったら、どこに飾ろうかなとか、添い寝も出来たりするけど、データって何が嬉しいんですかね。

押井　世の中の普通の人からすると理解出来ない。でも、理解出来ないからこそハマっちゃう。人間ってそういうもんなんです。理解されないからこそ情熱を注いでしまう。（『FGO』の）水着イリヤがほしいばかりにボーナス全部つぎ込んだヤツ、知っているからね。

――水着イリヤ……。

押井　麻紀さんにとっては無価値だけど、彼の界隈だと大きな価値があるんです。「オレはもっている」と言えば「すげえ」になる。「いくらつぎ込んだ？」「20万かな」となって、それがステイタスになる。それがソシャゲの世界ですよ。まあ、普通の人からすると不思議な世界だよね。

――はい！

押井　かわいいキャラだけじゃなく、能力が高いキャラがほしくてつぎ込む場合もある。レベルがまるで違うキャラが出てくる確率は3パーセントとか、高くて5パーセントとか。そういうのをSSR（スーパー・スペシャル・レアの略）と言うんだけどさ。そこに到達するまでにいらないキャラがどんどん増えていくんです。そういうのはゴミだから、いくつあっても意味がない。だから、ほしいものが出るまで回し続けるの。

――いやあ、それもヤバい。

押井　ヤバいよ。大体20万円もつぎ込めば目的のものが手に入るようなシステムにはなっているらしいんだけど、あまりに金額が高くなるので、もしかして何か操作しているんじゃないか？　いかさましているんじゃないか？　という疑惑は絶えず出てくる。それに、そのゲームが終了すればデータも消えるんだからね。

――押井さんはやってないんですよね？

押井　ソシャゲはやっていません。課金もしたことはありません。『Ｆａｌｌｏｕｔ　４』を５０００円くらいで買って、かれこれ4年くらい遊んでいるからお金はかかっていない。

――それは堅実。

押井　わたしはソシャゲやガチャとか、やる気はまるでないから。まあ、その代わりというわけでもないけど、『Ｆａｌｌｏｕｔ　４』のグッズは結構買っちゃったね。ランチボックスとかポスターとか。ゲームのなかにヌカ・コーラのポスターが出てきて、ヌカ・ガールというおねえさんがそのコーラにまたがっているデザイン。それがほしくてネットで2枚買っちゃった。フィギュアも買った。ゲーム本体よりお金を使っているけど、ポスターは壁に貼って楽しんでいるし、ランチボックスは薬ケースにしている。実体があるから、そうやって楽しめるし役に立っている。

――70歳すぎたおじいちゃんがゲームのランチボックス……。

押井　何言っているの！　麻紀さんだってもう立派な前期高齢者のくせにフィギュアとか集めているじゃない。ヨーダとかたくさんもっているんでしょ？

――そ、それを言われると……。

押井　だから、そういうのは普通の70歳には理解してもらえないんですよ。ただ、ひとつ言うならデータじゃなく、実体があるからこそ遊べるし飾ることが出来るし使えるわけです。一方、データがいいという人の意見は、ＪＰＥＧだから軽いし、モノが増えないのがいい。そういう人もいるんですよ。

〝笑い〟は一生懸命やらないとダメ！

――いや、押井さん、お題は『六丸の工房』ですよ！

押井　はいはい。だから、素材の選び方も考えていて、その映像とアフレコのネタのギャップで笑わせてくれる。トム・クルーズとジャック・ニコルソンが出ていた軍事法廷ものって……。

――もしかしてそれは『ア・フュー・グッドメン』(92)ですか？

押井　そうそう。それはロリコンビデオを購入しちゃったニコルソンが裁判にかけられるという展開になっていた。何度も言うけど、それをクソ真面目にやっているからこそ面白いんですよ。おそらく、脚本は自分で書いているんじゃない？　なぜって「趣味」という感じが強く出ているから。さすがにひとりだけではやっていないとは思うけど。イラストは作品によってタッチを変えているので、おそらくプロに依頼している。ネタ探しも大変そうなのでスタッフに頼んでいるんじゃないかな。週に二回くらいの頻度でアップしているから、ひとりでこのクオリティを続けるのは無理だと思う。まあ、ほかのチャンネル同様、実際のところはよくわからないんだけどね。

——あのクオリティを週二回なんて、押井さんや私には絶対に出来ませんよね。

押井　麻紀さん、まさかユーチューバーになろうとか考えたの？　一瞬でも？

——老後資金のために（笑）、一瞬だけ。一瞬で終わりましたが。

押井　いまさら言うまでもなく、わたしや麻紀さんみたいな人間はYouTubeは絶対に向きません！　基本的にマメじゃないとダメだから。やはり撮ったあと編集したりするのが大変なんだよ。最近、ライブが増えた理由もそこにある。編集しなくていいから。

そういうことを考えると、『六丸』はとてもがんばっている。おそらく長続きすると思う。なぜかというとネタが尽きないから。映画もどんどん作られるし、報道系の映像も尽きない。安倍晋三の国会答弁の映像を使って、秋アニメの答弁にしていたけど、そういうのは永遠に出来る。

——確かにそうですね。選び放題と言ってもいい。

押井　もちろん、マッチングを考えるのは大変だけど、ネタは山のようにある。YouTubeを継続させる上でもっとも大変なのはネタだからね。ネタで困るのはユーチューバーの宿命と言ってもいいくらい。以前、紹介した『あおぎり高校』の大代真白もそんなひとりで、最近は捨て身になっちゃってる。ロデオマシンを買ってみんなで遊んだり、そうやっていろんなグッズに頼るようになる。お喋りだけじゃもたなくなっちゃうんだよね。まえも言ったかもしれないけど、エロをやるとバズるけど、真面目な案件がこなくなる……なんていうことさえもネタにしている。ギリギリでやっていて、そのギリギリ感が面白い。虚実スレスレというのがこういうVチューバーの魅力で、ギリギリ感のおかげでその魅力に拍車がかかったよね。一応、高校生という設定だけど、もちろんオトナだとわかるのは話芸がちゃんとあるから。高校生じゃ無理。大代真白は究極のVチューバーですよ。

――いや、押井さん、真白ちゃんじゃなくて『六丸』ですよ。

押井 だから、それで言うと、こういう『六丸』タイプはネタが尽きないのが大きなポイントになる。

――『六丸の工房』は当然、アーカイブもチェックしたんですか?

押井 気に入るとアーカイブを全部見る。それがわたしのひとつのバロメーター。『六丸』は当然、全部チェックしましたよ。『六丸』は、どうやってアイデアを出し、どういうふうに脚本を書いているのか。そういうところに興味がある。『六丸』はセリフがうまいし面白い。確かにネタはニッチで理解出来ないかもしれないけど、セリフの面白さはわかる。

――そうですね。

押井 セリフの応酬のテンポや感情の入れ方がいい。いわゆる話芸ですよ。それを支えている脚本もよく出来ているから高評価なんです。

そもそもわたし、くだらないことを一生懸命やるのが大好きなので。実のところ、そうしないと笑えない。笑いというのは一生懸命やらないとダメなんですよ! 日本にはそういう精神が足らない。そうやって笑わせようとしている人は、滅多にいないからこそ『六丸』を尊重しているんです。

——日本にコメディが根付かないひとつの理由なんですね。

押井　そうです。リサーチし、しっかり脚本を書き、それをちゃんと芸のある人がやってようやく笑いがとれる。面白い人が面白いことを喋れば面白くなるわけじゃないの！　お笑い芸人がＹｏｕＴｕｂｅやったからといって、必ずしも面白くなるわけじゃないんだから。

そういうダイアローグ（セリフ）を書ける人間は日本にはひと握りしかいない。ハリウッドには脚本家のほかにダイアローグライターがいる。ストーリーを考えるのではなく、ダイアローグを考えるライター。専門職があるくらいだから重要なんですよ。彼らの考えたセリフをうまい役者が口にすることで、ちゃんとかたちになるんです。

最ママを、
決めよう。
Fate/grand order

▲「FGO最ママを決めるために対立するヒーローたち」。こちらはサブアカウント『六丸の第二工房』にアップされている。

ゲームは上達しないけど、
めげることなく続ける姿に情が移った

『ももじオンライン』

おもにライブでゲーム実況をしているチャンネル。「残念な中高年が必死にゲーム、まったり実況しています」と概要欄に記されている通り、家でゲームを楽しんでいる雰囲気でほっこりしてしまう。さらに「家族帰宅による急な配信停止があります」の一言があり、うっすらと家族との関係が見えてくるのも面白い。

◀◀◀チャンネルはこちらから

▷ 超がつくほど下手くそだけど……

——押井さん、今回のお題は？　そういえば押井さん、まだゲームのチャンネルについて語って頂いてないですよ。

押井　『ももじオンライン』とか、もう話したよね？

——ヘタなおじさんがゲーム中継するチャンネルですよね。いつもちょこっとだけで本格的には一回もないです。

押井　そうだったんだ。すっかり話したと思っていた……ていうか、いま思い出したんだけど、最近、久々にアーカイブを全部チェックしたチャンネルがあって、まずはそれを紹介してもいいかな？

——もちろんです！

押井　『Spider Slack』という海外のチャンネル。このタイトル通り、スパイダーマンのコスチュームで出てくる。

——タイトルの意味は「いいかげんなスパイダーマン」くらいの感じなんでしょうか。

押井　とてもいい加減です。息子がヘマばかりやっているので、いつもお母さんが叱っている。典型的なダメ息子としっかり者のお母さん。この組み合わせは王道だし、王道のようなヘマやケンカをやっているだけだけど、それがちゃんと面白い。母親がダメ息子をフライパンで殴ったり、椅子を投げつけたり。ふたりがとてもいい感じなんですよ。

——アメリカのシットコムやカートゥーンなノリなんですね。

押井 そうそう。ちゃんと体を張ってやっている。ときどきスパイダーマン息子のガールフレンドや友だちも出てくるんだけど、果たして彼らは本当に母子で恋人なんだろうかって。実は息子も母親も売れない役者なんじゃないだろうか？ 虚実がよくわからないのがＹｏｕＴｕｂｅの面白さであり、このチャンネルに興味をもった一番の理由。わたしがアーカイブを見たのも、それがわからないからですよ。

——見てみたら、コントのようなことをやってみたり、いろんなことにチャレンジしたりしてますね。

押井 ＹｏｕＴｕｂｅにあふれているさまざまなチャレンジ。ペットボトルの小さな口に、離れた場所からペンを投げ入れるとか。そういうことにもチャレンジしている。途中でインチキしたりするんだけど、それもこのキャラクターのもち味なわけだ。

——ドアを壊したり、派手なこともやってますね。

押井 だから、プロなんじゃないかと思うわけ。家具を壊したり天井が落ちてきたりするから、素人のレベルじゃないようにも見える。笑えるし、そういう虚実を探る面白さもあるチャンネルだよね。

——なるほど！

押井　まあ、それはさておき『ももじオンライン』の話ね。すっかり話したつもりだったよ。

――押井さんの会話によく出てくるのはナカイドくんとももじさんです。好きなんだーって思ってますけど。

押井　ナカイドくんは好きだけど、ももじに関しては好きというより、見ている間に情が移ってしまったという感じだなあ。

――あまりにヘタなのに、懲りずにやっているから？

押井　そうです。「ももじ」というくらいだから50代のオヤジがやっているんだと思うけど、本当にヘタ。上達もしない。当然、チャンネル登録者数も増えない。でも、本人はそんなことお構いなしにずーっと楽しそうにやっている。

――調べてみたら2016年からやっていますね。今年で7年。凄いですね。でも、登録者数は1780人。テレビブロスのYouTubeチャンネルより全然多いですが（笑）、これまで押井さんが紹介してくださったチャンネルのなかでは最下位ではあります。

押井　ももじさんのゲーム実況を見ているのは大体50人くらいかな。まあ、それにわたしも入っているんだけどさ（笑）。ちなみにブロスは論外です（笑）。

――どうやって見つけたんですか？

押井　『Fallout 4』をやっているとき、情報がほしくてYouTubeを探していたのがきっかけ。そもそもYouTubeを見始めたのも『Fallout 4』がきっかけだったから。

それまでYouTubeには何の興味もなかった。

ゲームの動画をあげている人のほとんどはとても上手なんですよ。上手な上に裏ワザとか攻略法とか、いろいろ教えてくれてためになる。実際、かなり役に立ったからね。そういうなかで出会ったのが「ももじ」だった。というのも『Fallout 4』をプレイしていたからで、一応、見てみたんだけど、驚くことに何の情報もなかった。しかも、超がつくほどヘタクソ。やっちゃいけないことを全部やっている。

麻紀さん、『Fallout 4』がどんなゲームか知っていたっけ？

――荒廃した未来が舞台のRPGということくらいの知識しかないです。押井さんからの情報ですが。

押井 ざっくり言うとそうです。オープンワールドのRPG。オープンワールドの場合、ヤバそうな場所に行くときは基本、セーブしてからチャレンジする。失敗してもセーブしたところからリスタート出来るから。これはゲームの常識中の常識なんだけど、ももじさんはセーブするところがヘンなの。セーブしなきゃいけないところはスルーして、しなくても平気なところをセーブする。だから何度も何度も同じヤツにやられて振り出しに戻っている。

もうひとつ、RPGの鉄則として、リスタートしたときにラクチンになるよう、セーブするまえにまずは装備を整える。全部セッティングしてからセーブするの。それも、なるべく現場に近い場所で。セーブポイントは重要なんです。この程度のことは小学生でもやっているのに、ももじさんはそういうのもお構いなしだから、何度も何度も同じところでやられてリスタートを繰り返す。おおむね自分のヘマですよ。あまりの学習能力のなさにびっくりしていたんだけど、ついつい情が移ってしまい……。

――もしかしてアーカイブも見たの？

押井　かなり見たよ。少なくとも『Ｆａｌｌｏｕｔ　４』に関する動画は全部見た。『Ｆａｌｌｏｕｔ　４』にはレベルがある。ベリーイージーから始まって最後がサバイバル。ももじさんはまずノーマルをクリアして、それからサバイバルに挑戦した。

――一気に最高レベル？　それって無謀なのでは？

押井　そうとも言う。サバイバルは高難度だけど、慣れてくるとコツがわかってくるんですよ。何か食べないと死んじゃうし、ヘンなものを食べたり、不潔なベッドで寝るとすぐに病気になる。だから抗生物質を携帯して病気に備えたりする。でも、その薬が高くて入手も困難だし、一発撃たれたら即死だから武器と防具がマストだけど、これがまた滅多に出てこない。

――押井さん、それでサバイバルする方法はあるんですか？

押井　あるよ。何度も繰り返すうちにわかってくる。何度も死んで解決策を手に入れることが出来るとはいえ、やっぱりかなりハード。上手なゲーマーが選ぶレベルなんですよ。ついでに言うと、ゲームを改造するプログラム、ＭＯＤ（ゲームのグラフィックやさまざまなデータを改造するプログラムやファイルの総称）もたくさん出回っているので、それを使えばもっともっとハードルが高くなる。わたしは2年ほどPS版でプレイしていたんだけど、MODがあることを知ってPC版に乗り換えた。MODはPS版にもあるけど規制が緩いのはPC版なので。それから3年はやっているよね。

▷ゲームチャンネルなのにお役立ち要素が皆無

——あ、あの押井さん、『Fallout 4』の詳しい説明、必要なんでしょうか？

押井　もちろん、必要です。『ももじ』を紹介するにはマストです。たとえばゲームの最初のほうに登場するデスクローというモンスター。ファンの間では「デスクロー先生」とか「デスクロー先生」とか呼ばれている強力なモンスターなんだよ。誰もが何度も何度も挑戦して殺され、その間に勝つ方法を見つけてやっと勝利出来る相手。まともに戦って勝てる相手じゃない。パワーアーマーを着け、ガトリングガンを武器に立ち向かうしかない。これが最低限。デスクロー先生は大変狡猾なので、自分がヤバくなると逃げる。でも、これを追いかけて行くと返り討ちに遭っちゃうから気長に待つしかない。

でも、ももじのおっさんは、これらをまるで守らない。何度やっても守らない。弾数が限られているにもかかわらず、雨あられと撃つからすぐに弾切れになる。絶好のタイミングで的確に撃つことでしか勝てないのに、毎回これをやらかす。追いかけちゃダメなのにいつも追いかけるし、たとえ物陰に隠れたりしても、ちゃんと隠れてないから見つかって殺されることもある。もっと奥で隠れろよ！　と言いたくなる。

――もしかして、ヘタなことを楽しんでいる？

押井　何度も言うけど、小学生以下だからね。戦訓もなければ、卑怯ワザも裏ワザも何もない。わたしも最初はイライラして見るのを止めようと思ったんだけど、情が移った。ひと言でいうとこれですよ。

――わかるような気がします（笑）。

押井　喋ることに夢中で、足元に重要なアイテムが転がっていても気づかないとか、マイクのスイッチを入れ忘れることもある。YouTube的にもデタラメ。わたしは『Fallout 4』のチャンネルをたくさん見たけど、そのなかでは異色ですよ。お役立ち要素が皆無という意味では本当にユニーク。

もうひとつ面白かったのは私生活が垣間見えるという点。ゲームをやっていると「あ、すみません。いま家の者が帰って来たので一旦中断します」ということがある。多分、奥さんのことで、奥さんにばれないようにプレイしているんだよ。わたしのような職業だと1日中やっていても怒られないけど、普通の社会人がゲームにハマるのはなかなかハードルが高い。おそらく、普通の勤め人なんじゃないの？　そういう雰囲気が切なかったりするし、登録者数がまったく増えないのにめげることなくやっているじゃない？　このおじさん、本当にゲームが好きなんだなと思うようにもなって、どんどん情が移っていっちゃった（笑）。

――殺されるとどんな反応なんですか？

押井　「殺されちゃいました」というときもあれば、10秒くらい無言のときもあった。それから「大丈夫です。僕は元気ですよー」って。相当へコんでいた感じだったけどね。手りゅう弾を投げたら鉄骨に当たって自分のところに跳ね返り、自爆したこともあった。このときも8秒は沈黙してたんじゃない。それでもめげずに週に2回くらいはアップしていたから。

――実際は何をやっている人なんでしょうね。

押井　自営業で、奥さんはパートかなとか、いろいろ想像するわけですよ。ひとつ確かなのはこのチャンネルでは食べていけないということ。最近はライブが多くなって2時間、3時間やるわけだけど、接続者は50人くらいかなあ。スパチャもたまにあるけど、せいぜい100円くらい。たまーに500円。赤スパなんてあるはずがない。

――赤スパって何ですか？

押井　1万円以上の投げ銭だったかな。ライブはスパチャ目的でやる場合が多いんだけど、人気者になると1回のライブで何百万も集まる。1000万円だってあるから。

――いいなー。2年くらいお仕事しなくてもいいじゃないですか（笑）。

押井　最近は『ももじ』もライブが多くなって見なくなった。長い動画は見ない主義なので。それでもたまに覗くと、相変わらず下手くそ（笑）。機材は向上して、いまはPCでプレイしているみたいだけど。

とはいえ、『ももじ』に出会ったから、こういう連載を始めたわけなので、わたしにとっては重要なチャンネルでもあるんですよ。

――ということは、幸福論？

押井　そうです。ＹｏｕＴｕｂｅにこういうチャンネルもあるんだって。普通、ネットではお役立ち情報を求めて検索したりするわけだけど、このおっさんにはそういう要素がまるでない。それでもついつい見ちゃうのはキャラクターが面白いから。動画を通じて、それを作っているおじさんやおばさん、おねえさんやおにいさんに出会う場がＹｏｕＴｕｂｅ。わたしは『ももじ』のおっさんを知ることで、それに気づいた。以来、それまでとは違う感覚でチャンネルを探し始めたんです。

――ＹｏｕＴｕｂｅって役に立たなきゃダメなんですか？

押井　基本はそうだよ。とりわけゲームチャンネルになると情報が重要になる。だから『ももじ』は、わたしのように役に立たないことを面白がれる人間にとっては貴重なチャンネルなんですよ。

――押井さんが紹介してくれたチャンネルって、役に立つ系は少ないんじゃないですか？

押井　まあ、そうかな。わたしは有用性を求めないから。最初は有用性を求めてＹｏｕＴｕｂｅを見ていたんだけど、途中からそれよりも面白い見方を見つけてしまった。有用性を求めなくなったら、違う楽しみ方を発見したわけです。『Ｆラン』（『Ｆラン大学就職チャンネル』）はまだ社会性があるよ。就活という側面から世の中を見ることが出来るから。

そういう社会性のあるチャンネル以外で面白いのは、人間と出会うチャンス。こういうふうに考えて、こういうふうな生き方もあることを知る。それはまえに話した『ニカタツ』なんかも同じ。ある種の幸福論なんですよ。『ももじ』のおやじもそう。下手だけどゲームを楽しんでいる。

彼らはきっと、自分の人生で大切なものが何なのかわかっている。自分の人生に必要なモノに出会った人たちなんです。つまり、わたしの言うところの幸福論の実践者なんです。幸福論について喋るとまた膨大になるんだけど、端的に言ってしまえば、目的ではない。幸福になりたいと思うと近づけないんです。

——そうなんですか？

押井　なぜかという話になると、それこそ1冊の本になっちゃうので簡単に言うと「自由」と同じ。みんな、「自由」という状態を獲得したいと思っているんだけど、自由は状態じゃなくて手段なんです。何かをするための「自由」なの、いつも言っているように。だから、自由という状態を目指すと、自由にはならないんです。幸福も同じ。みんな幸福という状態があると錯覚している。幸福もひとつの手段。何かをなすための条件。その「何か」が人生そのものなんです。手段と目的を取り違えてしまうからグチャグチャになってしまう。

——それはよくわかります。手段と目的を明快にすると、人生が生きやすくなりますよね。

押井　そうです。これまで紹介したチャンネルのおっさんたちは、自分の人生の優先順位が明快なんです。

——ももじのおじさんはゲームと出会い、ゲームを諦めないようにＹｏｕＴｕｂｅをやっているかもしれないけど、それも彼の幸福論のひとつなんですか？

押井　そうです。うまくなることに価値観を置いてないでしょ？　もし置いてしまうと本末転倒。幸福論じゃなくなってしまう。

そういう意味ではニカタツもナカイドくんも、名古屋の食べ歩きのおっさんも同じ。みんな幸福論の実践者。自分の人生の目的と手段が明快だから。わたしにとっては、そういう幸福論を学ぶ場になったんですよ、ＹｏｕＴｕｂｅは。

独自の美意識とプレイスタイル

『M4ya qq』

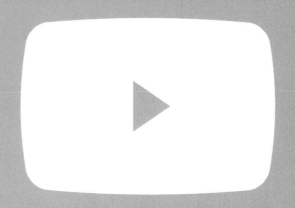

「まーや」さんが配信するゲーム系のチャンネルで、『Fallout 4』や『The Elder Scrolls V: Skyrim』などのゲーム実況を多数投稿している。関西弁で軽妙にトークしながら、独自の美的センスでゲーム世界を遊び支持を集める。現在は『まーやの料理ちゃんねる』を配信し、料理本が出版されるほどの人気。

◀◀◀チャンネルはこちらから

▷ 自分流を貫く姿がかっこいい「まーや」

――前回は押井さんがYouTubeにハマるきっかけとなったゲームチャンネル『ももじオンライン』について語って頂きました。今回もゲームのチャンネルですね？

押井　『まーや』と呼んでいる『M4ya qq』というチャンネル。『Fallout 4』の情報を探しているときに見つけた。『Fallout 4』の実況動画をやっているんだけど、いろんな意味で『ももじ』とは正反対。ストーリーを追うのではなく、MODを試すことでゲームを遊んでいる、いわばMODのスペシャリスト。手を替え品を替えて、新しい遊び方を『Fallout 4』のなかで実践している。

――ということは、ゲームもお上手？

押井　一向に上達しないヘタクソな『ももじ』のおじさんとは対照的にとてもお上手です。実況しながら、ずーっと関西訛りでお喋りしているんだけど、その喋りも驚くほどうまい。ときどき架空のお相手を呼んで、ゲームのなかのキャラクターと対話する。その世界に完全に入り込んでいるんですよ。「新しい別荘を作りました」と言って女性を招待してあれこれ見せたりね。新しい遊び方を提唱する人なので。

――「別荘を作る」というのはゲームのなかでそういうことも出来るわけですか？

押井　『Ｆａｌｌｏｕｔ　４』にはクラフト的な面白さがある。砦を作って武器を並べたりも出来れば、お店や家を作ることも出来る。わたしも武器庫を作り、武器をズラリと並べたことがある。快感ですよ。

そういうなかで、まーやさんはいろいろと試している。使用するＭＯＤはみんなが知っているものばかりだから目新しくはないけれど、使い方が面白い。たとえば自作のコスチュームを女性のキャラクターに着せて「凄いでしょ？　このケツが何とも言えませんよね」「じゃあ、試しにアクションしましょうか」とかね。毎週、アップしていたときは、今週はどんなことをやるのかという楽しみがあった。

――キャラクターもコスチュームも、すべてカスタマイズ出来るんですね。

押井　もちろん。まーやさんが好きなのはエロいおばさんとお尻です。好みのお尻のおばさんを作り、好みのコスチュームを着せ、いろんな装備を着けて面白がったり何かに挑戦したり。それを見ながらわたしは「そういう遊び方もあるんだ」という感じだった。

自分の欲望というか快感原則が明確な人なんです。ゲームをやるときもハイボールを飲みながら、葉巻を吸いながらだし。「エロいおばさんのテーマ」という歌まで作って歌っていたからね。そういうときには、昔、飲み屋で会ったエロいおばさんの話とかするんだけど、語りがうまいので、それもとても面白いわけですよ。

――器用だし徹底しているんですね。

押井　そうです。とりわけお尻に対するフェチは凄くて、おばさんのお尻を延々と撮ったり、下からお尻を見上げたりする。ずーっと「パンツ、パンツ」と言い続けてＹｏｕＴｕｂｅに注意されたこともあるくらい。本当に自分の欲望に忠実な人。彼もまた、ゲームのなかに自分の幸福論を見出そうとするタイプ。しかもそれをちゃんとわかってやっている。

――そこはかっこいいですね。

押井　そう、だからあか抜けてる感じだよね。独自の美意識があって、独自のプレイスタイルにこだわり、自分なりの戦術や戦略を生み出す。それがハマると当人も面白くて仕方ないという感じ。自分流を貫いているのがかっこいい。

奇跡に近い〝ドン勝〟

――『まーや』は『Ｆａｌｌｏｕｔ ４』だけの動画だったんですか？

押井　もうひとつ、『ＰＵＢＧ』（『ＰＬＡＹＥＲＵＮＫＮＯＷＮＳ' ＢＡＴＴＬＥＧＲＯＵＮＤＳ』）という有名なオンラインのサバイバルゲームもやっていた。わたしも当時、『Ｆａｌｌｏｕｔ ４』と並行してやっていたんですよ。

――オンラインゲームって、押井さんは好きじゃないですよね？

押井　うん、これをやって好きじゃないことに気づいた。このゲームは韓国発のもので、１００人のプレイヤーがある島に落下傘降下して、最後のひとりになるまで殺し合うゲーム。世界中で大ヒットした。最初はパンツ一丁で落下し、武器や装備、医薬品を調達しつつ、遭遇した他人をひたすら殺していく。徐々に稼動領域が狭まっていくなか、みんないかに寝首を掻くかしか考えていない。プレイ時間は10分くらいで、何度も繰り返しやる人が多い。

——韓国発の殺し合いゲームとなるとドラマシリーズの『イカゲーム』を思い出してしまいますね。

押井　『イカゲーム』の大本みたいな感じだよ。このゲームの動画も無数にある。わたしもプレイして1回だけドン勝（どんかつ／『PUBG』で優勝すること。日本語設定で優勝時に表示されるメッセージの一部に由来する）したことがある。もう奇跡に近い。隠れて隠れて、最後のひとりになるまで隠れ続けてやっと勝った。わたしはコソコソ隠れるのが好きだからハマったというのはある。

——押井さん、もしかしてそれってセコい勝ち方なのでは？

押井　いや、戦いの基本です。よほどのテクニックがないと勝ち残るのは難しい。わたしは殺し合いはヘタだったのでひたすら逃げ隠れしていた。とはいえ、やっぱりオンラインゲームとは相性が悪いんですよ。ネットにつながってどこかの誰かと遊びたいという要求がゼロ。わたしはひとりで全部やりたい人。ひとりでコツコツやりたい。それだったら平気で1000時間費やせる。『Fallout 4』にドハマりしたのもひとりでコツコツ出来て、あらゆる要素をカスタマイズ出来る上に、自分の好きな情景を作り上げることが出来る。そのなかに佇むのがわたしの最大の喜びですから。

――なるほど！　『PUBG』は『まーや』を通じて知ったんですか？

押井　そうです。『まーや』の中継動画を見て『PUBG』をやりたいと思った人は結構多いらしいんだよ。わたしもそのひとり。やはりゲームがうまいし語りもいいので、自分もやってみようという気になる。

――それに押井さんの好きなフェティッシュもあるから。

押井　それも大きい。彼はただ勝つのではなく、自分の快感原則に沿った上で勝ちたい。『PUBG』もそうだったし、『Fallout 4』はもっと端的でフェティッシュしかない。ゲームはフェティッシュなものだと考えているわたしとは合うんだよ。

――『ももじ』のほうにフェティッシュは感じるんですか？

押井　ないね（笑）。素朴な人で、何の疑問もなく楽しんでいる。あれこれ考えていないのが魅力。『まーや』とは本当に対照的で、このまるでちがうふたりを知って、わたしのYouTube行脚が始まったわけです。そういう意味ではこれも重要なチャンネルだよね。

――でも押井さん、『まーや』は最近、料理動画をアップしてますよ。ゲームのほうは1万5000人くらいで、料理のほうは15万人弱。登録者数は断然、料理のほうが多いですね。

押井　最近はゲームはあまりやってなくて休業中だよ。以前はイタリアンシェフだったらしいので料理のほうが注目されているのかもしれない。趣味人っぽいのでゲームだけに執着しなかったんじゃないの。

――押井さん、ほかにもゲームのチャンネルはあるんですか？

押井　次はちょっと変わったチャンネルを紹介しますよ。

銃器とともに生きることを計画し、実践した人

『NHG:中の人げぇみんぐ【実銃解説】』

生粋のガンマニア「中の人げぇみんぐ 中の人A」さんによる銃とゲームのチャンネル。実銃のメカニズムや歴史を解説したり、100万回以上視聴された「日本の警察がリボルバーを使い続ける4つの理由」のように銃にまつわるあれこれを配信している。2022年には、かねてからの目標だった銃砲店を開業。その詳細についての動画もアップされている。

◀◀◀チャンネルはこちらから

▷純然たる銃器マニア

——さてさて押井さん、今回はどんなチャンネルを紹介してくださいますか？

押井　麻紀さん、もうそろそろこの連載も終わりなので……。

——えっ!? そんなこと言わないでくださいよ、押井さん！　まだまだ押井さんが登録しているチャンネル、たくさんあるんじゃないですか？

押井　もちろんあるよ。でも、あとのチャンネルは他の人に紹介しても興味をもたれないと思う。ちょっとマニアックすぎたりマイナーすぎたりしていて。一応、この連載ではYouTubeに興味がありそうな人なら見て楽しんでもらえそうなのを選んでいるから。

——あ、最初のコンセプトは確かにそうでした。

押井　そういうなかで、まだ紹介していないジャンルが銃器系なんだけど。

——そうですね。押井さんならたくさんありそうですね、このジャンル。

押井　銃器系は10チャンネルくらい登録している。でも、今回、紹介するのはひとつだけ。『NHG：中の人げぇみんぐ』というチャンネルだけです。というのもこのチャンネルは〝顔〟が見えるの。やっている人の個性、キャラクターがちゃんと伝わってくる。ほかのチャンネルは情報系が多く、それも企業系ばかり。情報がほしくて登録しているけど、楽しんでいるというわけでもない。そういうなかで、『NHG』はちゃんと楽しんでいる。

——銃器の企業系ってどういうものなんですか？　銃器の企業は日本では需要ないと思うんですが。

押井　ちがうちがう。わたしが言っている「企業系」は、個人ではなく事務所がやっているという意味。だから、仕事も分担されていて、原稿を書く人、それを読み上げる人、編集する人……分業しているんです。そういうのはすぐにわかるから。本当のガンマニアかどうかなんて喋り方やアクセントですぐにわかる。

本当にマニアがやっている軍事系のチャンネルは少ないんですよ。調べ物が多かったりして手間暇がかかるので企業系が多くなっちゃう。10も登録していながらおススメがひとつというのは、そういう理由があるからです。そういうなかでこの人は純然たるマニア。

——楽しいと仰っているので、情報だけじゃないということなんですか？

押井　そうです。銃器系&軍事系でこれだけ楽しめるチャンネルはない。

彼は自分の素性も明らかにしている。小学生のころから銃器を好きになって以来、銃器や軍事で生計を立てることを追求してきた人。その方法が銃砲店の経営。ちゃんと資格を取って経営している。その取り方も詳しく説明してくれている。

——押井さん、日本に銃砲店があるんですか？

押井　意外だろうけど免許を取れば開けるんです。免許も、明らかにヤバい人じゃなければ大丈夫。最初は散弾銃の資格。それから10年経ったらライフルの資格を取れる。一度に取れるわけじゃないんです。でも、拳銃や自動小銃、機関銃も日本では絶対ダメ。たとえライフルをもっていても弾が手に入らないし、マタギだって散弾銃を使っている。先進国でもっとも銃規制が厳しいのが日本だから。そういうなかで彼は、日本でも銃を所有出来るという信念をもち続けた。

——信念ですか。

押井 だって、信念があってそれを自ら実践したんだからね。彼の主張は明快。日本人でもがんばれば銃をもてる、ですよ。

彼はハンティングはしないし、射撃場で撃つこともない。でも、ホンモノを手にしたいから銃砲店を選択した。撃ちたいなら日本の場合、警察官や自衛官を目指すのに銃砲店という選択。そこがユニークなんですよ。

さっき面白いと言ったのは、新しい情報のみならず、銃器にまつわる周辺のことを伝えているから。たとえば米国の銃器事情とか、新しく米軍が制式化した銃の紹介もある。さらにそれぞれの国や組織の銃器事情。彼らがどういうプロセスで銃を開発したり選定したりしたのか？　必要性によって違ってくるからそれは大きなポイントだよね。銃砲に関する歴史にも詳しく、当然だけどスペックに関しても大充実。つまり、銃にまつわることはほとんど網羅している。大変、広範囲な情報と知識なんですよ。それを多いときは週に3回くらいアップしていた。

——そういう興味のもち方は、押井さんと共通していませんか？

押井 してます。わたしも同じで、単に銃を撃ちまくりたいというわけではないし、銃をもって戦場に行きたいというタイプでもない。でも、銃とのかかわり方にはとても関心がある。そういう興味がいまの仕事に大変活かされているよね。この人の場合は銃砲店になっただけで。
それに、彼は大変勉強している。銃砲系の知識というのは限られていて、同じルートでしか入らない。日本の場合は本を読むしかない！

——蘊蓄の人なんですね。

押井　そうです。でも、その辺の蘊蓄人間と違うのは、自ら銃砲店を経営し、実際に扱っているところ。ただのガンマニアではありません。銃器とともに生きることを計画し実践した人です。

——どういう経緯で、彼のチャンネルと出会ったんですか？

押井　彼の場合もゲームです。ＦＰＳ（ファースト・パーソン・シューティング）系の大人気ゲーム、『エーペックスレジェンズ』の銃器の解説をやっていた。ゲームに登場する銃器は昔、ホンモノを使っていたんだよ。いまはもうメーカー側の著作権がうるさくなって、微妙にデザインを変えたり名前を変えたりしているけどね。そういうところも含め、事細かに説明してくれる。映画もそうですよ。この映画の銃器の使い方や表現はどうなのかを解説するんだけど、まあ大体の結論がウソの使い方をしているになっちゃうんだけど（笑）。それはわたしも同意見です。

——そういうのは見てみたいですね。

押井　最近はもっと銃器寄りになって、ゲームや映画はやらなくなった。それに大変真面目に作っていて、銃に対して限りなく真摯。だからこそ、銃器系の人には響くんですよ。

——小学生のときから銃と向き合って生きると決めたというのも凄いですよね。

押井　子どものころ、男子のほとんどは銃器系が大好きなんだよ。戦車や戦艦、戦闘機もね。でも、段々大人になるにつれ、それを忘れていくんだけど、忘れることが出来なかった人がいる。それが彼でありわたし。わたしの場合はこういう仕事にして、彼の場合は銃砲店というわけですよ。どちらも側に銃器が転がっていても問題ないから。

——そうですね。

押井　そういうわけで、紹介出来るのはあとひとつくらいかなあ。

——押井さんの大好きな犬猫系に関するチャンネルとかは紹介してくださってませんよ。

押井　だって見ないもん。自分のホンモノの犬猫がいるから見る必要はないでしょ。ほかの犬猫を見てほっこりするより、自分の犬猫でほっこりするわけだし。だから、あとひとつ。でも、これもあまり汎用性はないかもしれないけど（笑）。

▲「中の人Aの悩み:銃砲店の開業編」。開業にあたって認可を得ることの難しさ、そんななかで動画編集をする忙しさについて語る。

歴史の扱いを心得ている

『アイザックZ - IsaacZ』

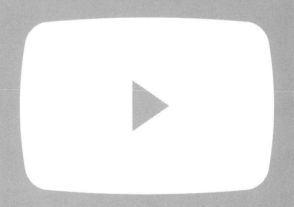

『Hearts of Iron Ⅳ』等の歴史シミュレーションゲームや、FPSを中心とした動画を投稿。ただのプレイ動画ではなく、自身がプレイした映像を編集して、仮想戦記をドラマ仕立てで描くシリーズも。歴史に精通し、編集力も高いので、映画を観ているような感覚になる。

◀◀◀チャンネルはこちらから

▷ 軍事マニアの御用達・ウォーシミュレーションゲーム

――押井さん、ついにこの連載もゴールが近づいてきました！　最後に紹介してくださるのはウォーシミュレーションゲームですね。押井さんが大好きそうなゲームなのに、それほどポピュラーじゃないそうですね。

押井　そうです。なぜならハードルがかなり高いから。戦争ものとなると、ＦＰＳ等のアクションゲームが主流で、シミュレーションとなるとガクンと少なくなる。プレイする人の戦争に関する知識がどれだけあるかが大きな問題になるからです。ウォーシミュレーションゲームというのはボードゲームから出発している。最初はサイコロを振って遊んでいた。だから歴史は結構古い。

――もしかして「軍艦ゲーム」みたいな？

押井　あれは〝戦術〟レベル。こちらは〝戦略〟レベルまで選べる。つまり、その国の生産力や政治形態、国内の反対勢力とかの要素も入ってくる。そういうことも予想しながら戦争に勝利するまでをプレイするんだよ。一応、ゴールはあるんだけど、10年、20年のレベルで戦争をシミュレートする。

――そ、それは長いですね。

押井　だからマイナーなゲームだって言ってるじゃない。ゲームのオリジナルは軍隊が実際にやっている机上演習だし、かなりツウなゲームなの。そもそも基礎知識がないと遊べない。

――机上演習って、戦争映画でよく観る、大きな地図の上に戦車等のモデルを並べてスティックで動かしているアレですか？

押井 それです。いまでも実際にやっていますよ。その演習には判定官がいて、彼がどちらの軍が優勢かを判断する。そういうのをルーティン化して、判定出来るソフトウェアを作ったのがウォーシミュレーションゲーム。

わたしが今回紹介するのは最新のもので、『ハーツ オブ アイアン』シリーズの4作目。みんなが『HoI4』と呼んでいるゲームです。これは本当に要素が多岐に及んでいる。軍事技術の開発にどれだけポイントを振るのか。軍事技術といっても戦車に振るのか爆撃機なのか。政治形態は民主主義なのか社会主義なのか、あるいは独裁政治にするのか。そういう要素をあらかじめパラメーターで設定し、時間軸を動かすことで自動的に戦況が変化していくんです。

オンライン化しているから、対戦出来るんですよ。ただ、ワンゲームを終わらせるのに数十時間、40～50時間くらいかかる。

――でも押井さん、めちゃくちゃ面白そうですよ！

押井 面白いよ。架空の国はナシで、世界中どこの国でも選べる。大日本帝国であろうがモナコ公国であろうが、ブラジルであろうがドイツであろうが、どこでもいい。これにもいろんなMODがあって、制約条件を変えられるから、いろんな遊び方が出来る。

――ということは押井さん、アメリカを社会主義国家に設定したりも出来るの？

押井　出来る。革命やクーデターを起こして新しい政治形態にすることも出来る。そうすればおのずと軍隊の形式も変わってくる。徴兵制が生まれたりなくなったり、生産性が上がったり下がったり。同盟国関係も当然変わってくる。

　こういうことが出来るようになったのも、コンピュータの容量が増え、処理能力が上がったからですよ。ボードゲームのときはサイコロで決めていたからね。それに手動で操作するか自動にするかも選べる。自動は手っ取り早いけど、手動のような細かなニュアンスで軍隊を動かすことは出来ない。ハードルが高いのは、そういうパラメーターを全部自分で決めなきゃいけないところ。そこにあらゆる知識が必要になるから、かなりの戦争マニア、気合の入った軍事マニアじゃないと耐えられない。一般のお客さんはまず無理。まさに軍事マニア御用達のジャンル。基本的軍事知識がないとゲームを始めることすら出来ないから。

――じゃあ、私はまるでダメですね。

押井　軍艦とかの移動速度も決まっているから、好きなところに好きな軍艦をポンポン置くだけじゃだめなの。複雑な計算はコンピュータがやるものの、それがいいのか悪いのか決めるのは自分だからね。パラメーターの入れ方にもテクニックが必要で、うまい人とヘタな人がいて、うまい人には永遠に勝てません！　うまい人がやればモナコ公国でアメリカ合衆国に勝つことも不可能ではない。

――SFのパラレルワールドものというか仮想戦記もののゲーム版的な感じがしますね。

押井　そうです。まさに仮想戦記です。架空の戦争を戦えるの。ある程度リアルな設定を使い、現実にある兵器と、現実にいた政治家や軍人を登場させるわけだから。ちなみに一番人気はヒトラー、そして一番人気の国もドイツ帝国。アメリカVSロシアで遊ぶ人もいるけど、おおむね敗戦間際のドイツ帝国を選ぶ人が多い。逆転の楽しみがあるからだし、やっぱりドイツ軍はかっこいいわけ（笑）。制服をとっても兵器をとっても。『ガンダム』のジオン公国軍、見ればわかるでしょ。

――それは私でもわかります（笑）。

押井　日本も、逆転してアメリカに勝っちゃったというのもあれば、そのあとでドイツと二極化し日独で最終決戦するというシナリオもある。いろいろ選べるんだよ。

ゲームから、映画のような仮想戦記を創り上げる

――押井さん、そのウォーシミュレーションゲームのなかでどのチャンネルを紹介してくれるんですか？

押井　『アイザックZ－IsaacZ』というチャンネルです。この人は本当に凄い。わたしは最初『アインザックZ』と憶えていたんだよね。ナチスの親衛隊のなかでもっとも狂暴で残忍だったアインザッツグルッペンに由来していると思っていたから。勝手にわたしがそう勘違いしているの

かどうかはわかりませんが。

――戦争に関する知識がハンパない人のようだから、そういう由来があっても何の不思議もないですけどね。このチャンネルを知ったのはやはりゲームチャンネルを辿っていって？

押井　ゲームと軍事系のチャンネルを辿って行き着いた。3年くらいまえかな。ウォーシミュレーションゲームには興味があったし、それについての本を読んだこともある。でも、プレイしたことはないんだよ。

――それは意外！

押井　なぜならひとりじゃプレイ出来ないから。オンラインゲームなので対戦相手がいた上でプレイする。だから、オンラインゲームが苦手なわたしは二の足を踏んじゃうわけだ。ただ、ちゃんとした知識があって遊ぶと大変面白いらしい。相手の行動予想がつかないから。まあ、格闘ゲームと同じかな。生身の人間とコンピュータを介して戦っているわけだから。

――アイザックZさんはそのゲームの中継をやっているの？

押井　いや、この人が面白いのはゲームがうまいというんじゃなく、架空の歴史を作り出す手つきがとても巧みなんですよ。アメリカに勝った日本の歴史を作った場合も、単に勝った勝ったというんじゃなく、そのことでより日本を歴史上苦しめることになるという部分を描いたり、歴史の扱いを心得ている。ここで戦艦大和を投入して勝利したというような単純な話にはしてないの！　実在していた将軍や軍人、政治家たちを登場させ、なおかつ架空の超兵器なんてのはないからね。既成のキャラクターや武器やアイテムをうまく使って戦い日本軍を勝たせるんです。説得力もあるから、その辺の仮想戦記よりはるかに面白いわけ。

――じゃあ押井さんは、これまで紹介してくださったゲーム中継的な面白さじゃなく、彼がシミュレーションしながら架空の戦記を創造していく過程を楽しんでいるわけですね？

押井 そうです。ゲームの勝った負けたじゃなく、架空の歴史として再編集しているのが、この人の大変ユニークなところ。こういう遊び方をしている人は他にいません。

――普通の人は、たとえばアメリカとドイツを戦わせて、ドイツを勝たせて喜んでいるだけ？

押井 まあ、そうだね。アイザックZの場合は、架空のドイツ軍で、ヒトラーとヒムラーが語り合ったりする。そうすることで緊張感のあるシーンに仕立て、あたかも1本の映画のように創り上げるんです。

――そのシーンのダイアローグは自分で書いてるんですか？

押井 そうだよ。大本の部分はゲームで流れを作り、残りの部分は既成のドキュメンタリーフィルムから映像を拝借して作っている。ゲームから借りてきた戦闘シーンは圧縮して、むしろそっちのドラマ部分に力を入れているよね。声は無料のボイスロイドを何種類か使い分けて、見応えのある映画にしているんです。

言うなれば、ゲームでプレイしたあと、そのゲームをもとに自分のドラマを作っているということかな。もちろん、ゲーム会社から許諾を受けてやっている。ドキュメンタリー映像の部分はおそらくパブリックドメインになったような映像を拝借しているんじゃない？　そういう意味ではかなり低予算ではあるものの、クオリティはとても高い。ゲームというものを巧みに使うことで、独自の動画を作っちゃったわけだ。しかも自分の書いた脚本で。立派なものですよ。

——それは好きじゃないと出来ませんね。

押井　そうです。わたしが面白いと思った理由のひとつには、わたしの遊び方と似ていることもあると思ったから。わたしの場合は核戦争後の廃墟で、犬と流れ歩きながら、どういういい風景を作り出すかに腐心している。そのためには戦いもするし装備も整える。レベルだって上げる。ドンパチしたり勝負したりするのが目的じゃないから。彼の場合も、自分なりの戦記を作りたいわけじゃない？　そういう意味で共感するところがあるわけですよ。

それにわたし、このアイザックZさんと連絡を取ったんですよ。

——あらま、びっくり！

押井　うん。で、毎年やっているわたしのトークイベント『Ｈｏｗｌｉｎｇ ｉｎ ｔｈｅ Ｎｉｇｈｔ〜押井守、戦争を語る』で彼の創った映像を使わせてもらった。

——押井さんがＹｏｕＴｕｂｅのチャンネルを見て、実際に連絡を取ったのは彼が初めてじゃないですか？

押井　取ってみたいと思ったチャンネルはあったけど、実際に取ったのは仰る通り初めてです。それだけ彼の創った仮想戦記がいいということ。

ただし、何度も言うけど、普通の人では無理だからね。そもそも軍事や戦争に詳しくない人が仮想戦記を楽しめるかどうかという問題もあるので、気軽にはおススメ出来ない。

この連載で紹介したのは基本、誰でも楽しめそうなチャンネル。連載を始めてもう1年半くらい経っているから、なかにはもう消えてしまったチャンネルもあるかもしれない。ＹｏｕＴｕｂｅは流行り廃りが早いメディアだし。そもそもメジャーなものじゃないのばかり紹介しているから仕方ないんだけどさ。

▲史実ではイギリスやフランスの勝利で終わった第一次世界大戦で、もしもドイツ帝国が勝利していたら……という架空の歴史をドラマ仕立てで描いた「【Hol4】モンゴル帝国の再建」。

おわりに

▷ 日本のネット文化の特異性とは？

――押井さんはYouTubeという窓を通して現代の社会の在り方を見られるようになったと連載のなかで仰っていました。連載が終わり、1年半経ったいまはどういう社会が見えてきましたか？

押井 やっぱり行き場のない人間というか、正規のコースからちょっと外れてしまった人がやっているメディアというのは変わっていないと思う。職業を通して自己実現するという手段を選ばなかった人たちの受け皿になっていて、仕事を通してちゃんと自己実現出来ている人間はたぶん、YouTubeはやらないだろうね。

ただ、わたしがYouTubeを見始めた3、4年まえと比べると、いまはもっと市場化したというか、行き場がなくてYouTubeに辿り着いたというより、敢えて選んでいる人間が増えている。有名になりたいとか、儲けたいとか。

――ということは、その昔はアウトローの吹き溜まりっぽかった？

押井 わりとね。いまは一種の職業として認知されて、世の中に数ある職種のひとつになった。だけど、それでちゃんと就職した場合と同じ程度の生活を維持出来ているかどうかは難しいと思う。世間並みに稼げている人は少ないよ、おそらく。

あとは事務所に入るしかない。YouTubeは「続ける」ことが重要なので個人ではハードルが高くなる。収入は半分くらいになっても編集業務等の煩雑さからは解放されるから。

たとえば映画のチャンネル。わたしは『映画日和』しか紹介しなかったじゃない？　あ、このチャンネルは2年くらい更新してなかったからやめたのかなあと思っていたら、最近また再開した。相変わらず、こんな映画聞いたことがないみたいなものばかり扱っているけどさ（笑）。にもかかわらず、映画の紹介はこのチャンネルだけだったのは、ほかはほとんど宣伝チャンネルだから。

最近は配信系の解説チャンネルが増えた。配信ドラマを途中まで全話紹介する。これはやたらと需要があるようで、そこで喋っている女の子、いわゆるネット声優だよね。つまり、ここにも職業とする人間が出てきて、すでにマーケットとして成立している、いつまで続くはさておき。

要は、そういうふうな媒体としてどんどん社会化、市場化されていったというのがＹｏｕＴｕｂｅの一連の流れだと思う。初期の行き場のなかった人間たちの言いたい放題の場、やりたい放題の場は失われつつある。

——事務所化したりするとやはりよりお金が儲けられるんですか。投げ銭というシステムがあるんですよね？

押井　あれは「○○さんありがとう！」と名前を呼ばれたいから投げている場合が多い。昔のラジオの深夜放送でハガキを出し名前を読まれて喜んでいたのと同じ感覚だと思うよ。なかには1万円も投げる人がいるけど、その辺の気持ちはよくわからない。ただ、その人がリッチなわけではないだろうね。むしろ金持ちはＹｏｕＴｕｂｅに入れ込んだりしていない。基本的にＹｏｕＴｕｂｅはハイソな階級の文化じゃないと思う。どちらかというと貧乏ネタが受ける世界。とりわけ今はそういうのが増えている。業務スーパーで1食150円で食べていますみたいな感じかな。

――それを言うなら押井さん、TVの番組も〝安い〟ほうにふってるように思いますね。

押井　わたしが思うに、TVからYouTubeに至るまで、メディアの世界って基本的に下層エネルギーに支えられている気がする。ある有名IT関係者が会ったときに言っていたけど、日本のネット文化が特異なのは低下層の人間が支えているからだって。海外の場合はソーシャルメディアを含めてインテリ層から始まっていると言っていた。だから日本のネットはそれ相応の文化しか生まなかった。刹那的に消費出来るものしか提供出来ないってね。受動的な文化の塊になって、ただモニタを眺めているだけ。眺めてリアクションを起こすだけ。

――海外はちゃんとソーシャルメディアになっているの？

押井　海外は議論の場になったり社会活動の場になったりして、それこそソーシャルメディアの機能を果たしている。日本は「2ちゃんねる（現・5ちゃんねる）」とか「ニコ動（ニコニコ動画）」みたいに、世の中自体にぶら下がっている人間の受け皿になっちゃった。だから、日本の場合はソーシャルメディアとは言えないんじゃないかと、わたしは思っている。つまり、日本の全体の動きに一切関与出来ない――社会性がほとんどないし、むしろ影響力を行使出来ない人間の不平不満の発信源にしかなっていない。2ちゃんねるはその典型。スキャンダルを炎上させるとか、そういう文化の温床になっている。社会や職業を通して世論に影響力を行使出来ないから炎上させるという直接的な行為に走るんだよ。承認欲求を満たすために。

そういう意味では日本のソーシャルメディアは、一応そういう名称で呼ばれてはいるものの、社会的な影響力はほとんどもち得てない。あるとすればスキャンダリズムだけ。それも大したことなくて、芸能人を叩くくらいでしょ、おそらく。いくら岸田（文雄）を叩いたところで何の影響も与えられない。1ミリの影響力も行使出来ないよ。スキャンダルや炎上が命取りの芸能人に対してなら行使出来るかもしれないけど政治経済になると影響力は限りなくゼロに近い。

――なぜ日本はそういう進化になっちゃったんですか？

押井　そのＩＴ関係者は、もともと普及する動機が違っていたのかもしれないという言い方をしていたよね。本来だったら忙しい人間が有効に使う場として提示されたんだけど、日本の場合は暇な人間がぶら下がっちゃった。

ネットを立ち上げたおじさんたちから講演に呼ばれたことがあって、彼らは口をそろえてこう言っていたよ。「こんなはずじゃなかった」って。自分たちが期待していたような世界にはならなかった。叩き放題、言いたい放題の炎上生産機になってしまった。要するに低レベルなところで普及しちゃったということ。彼らはもっと高尚な使い方をしてもらえると思っていたんだよね。わたしに言わせれば「それはあなたたちが世の中をわかっていない証拠」ということ。

――おじさんたちにそう言ったんですか？

押井　言ったよ。「いまの日本という国の生活や文化のありようを考えると、技術が作る未来だって違ってしまうのが当たり前だ」って。スマホをもっていても中学生くらいの使い方しかしないのなら、その程度の文化しか生まれないということだよ。要するに文化の程度に合ったものしか実現出来ない。国民の意識に見合った政治家しか登場出来ないというのと同じ理屈でさ。映画だってそうでしょ？　観客に見合った映画しか生まれてこないの。

――なるほど。何でこんな子がタレントに？　という人たちがたくさんいる理由もそこにあるんですかね。そういう歌も下手、踊りも下手、ルックスもスタイルもいまいちの子たちをファンが認めちゃったのが日本の映画やTVのレベルを下げたのでしょうか。最近、韓国カルチャーにハマっているので、彼らの目的は世界に通用するアーティストの育成だからレベルが違って当然だと。

押井　麻紀さん、日本のアイドルは歌や踊りがうまい必要はないの。なぜかというと、普通のクラスにいるような女の子を応援したいから、みんなアイドルに群がっている。雲上人では意味がない。自分とレベルが違う世界の人を応援する意味はない。あくまで自分たちが推して成長させたい。完成されたものを見てどうしろっていうの？　ということですよ。

――そういう推し文化の人、完成品を求めてないの？

押井　そうです。地下アイドルみたいなものがなぜ成立するかといえば、自分たちの隣にあるものだから。プロダクションという壁すらないでしょ。日本のアイドルは一種の自己実現だと、わたしは解釈している。推しなしでアイドル好きというのはいないの。推したいから好きになるし、推すものがないとかかわっている意味すらないと思っている。その点、韓国は違うんじゃない。あるレベルを超えないと話題にすらならない。ちゃんと踊れてないという時点でダメだけど、日本は「うまくなってね」という話だから。

——ユ、ユルすぎる……。

押井　韓国はとても厳しい競争社会だけど、日本はなんだかんだ言っても余裕があるんだよ。ネットに依存している人間の何割かは確実にプーだろうし、ヒッキーもたくさんいるに違いないんだけど、それでも生きていられるのが日本。それは何を意味しているかというと、まだ日本にはキャパシティがあるということ。だから、努力をしまくって上を目指さなくても、まあ現状維持でいいかということになる。普通に結婚して子どもをもってという人生設計をしない限りは、ひとりで生きていけるんだよ。最後は生活保護があるからってね。日本は最後、見捨てませんから。

YouTubeをやる気はゼロ！

——ところで押井さん、最近、登録しているYouTubeのチャンネルは増えましたか？

押井　あまり増えてないなあ。というか最近、出入りが激しくなった。登録したけど見るものを見たらもういいやというのが増えたよね。なのでトータルで言ったら増えてない。

——押井さんがもしチャンネルをやるとしたら、どんなものを？

押井　やる気はまったくありません。というか絶対にやらない。

――こうやって本を出すほどＹｏｕＴｕｂｅにハマったのに、自分でやってみようとは一度も思わなかったんですか？

押井　一回もない。なぜなら見せたいものが何もないから。一番見せたいものは仕事にしていますので。ＹｏｕＴｕｂｅで何かをやらなきゃいけない必要や需要がどこにもない。自分の実生活は平凡そのもの。特に何の価値観ももっていないしね。

――押井さんは、社会に対して独自の意見をもっているので、そういうチャンネルとかありなんじゃないですか？　そういうのをやっている文化人もいますよね。

押井　ホリエモンやひろゆきのチャンネルでしょ。彼らに需要があるのはわかる。みんなも彼らの言葉ですっきりしたいんだろうけど、わたしはそういうところで言いたいことを言おうとは思っていない。みなさん、努力しているんですよ。いい言葉を選んでみんなをすっきりさせてあげたいって。でも、わたしにそういうつもりはまるでない。実際、すっきりさせてあげたいと思って口にする言葉は、本当に自分の言いたい言葉なのかとなると疑わしい。それに、本当に言いたいことを言うとあまり支持されないと思うし、その言いたい言葉が数のなかに消えてしまう、おそらく。客観的に世間の創り出したもののなかに埋もれていく、見えなくなってしまう。それに、みんなが受け入れてくれるのはわかりやすい言葉だけ。でも、世の中には、わかりやすい言葉で伝えられないことがたくさんあるからね。だから無駄なんだよ。

実のところ、わたしは自分の表現の場をもっているから直接語る必要はない。たまに本を出すことはあるけれど、それも自分の興味があることしかやらないし。まあ、人生相談（『押井守の人生のツボ2.0』）は予想外だったけどさ（笑）。

――あらま。ダメでした？

押井　いや、そこそこ面白かった（笑）。わたしはYouTubeでやるより書籍のほうが自分の欲求にあっている。YouTubeは無料だけど、書籍はお金を出さないと読めない。

――世の中には絶対にないものが3つある。秘密と正解と無料だって。私の好きな韓国ドラマで言っていました。確かにそうだなって。

押井　それは正しい。〝タダのものはどこにもない〟というのは、わたしのゲームのモットーですよ。ゲームの世界でタダというのはありえないの。わたしは、お金を払って何かを買うというのはとても大事なことだと思っている。みなさんが考えている以上にね。

酒や食べ物は基本的に人間の最低限の欲求だけど、本を買って他人の意見にお金を払うというのはまた別の行為。なぜなら絶対に必要なものじゃないから。だからこそ、知的な行為に対して代価を求めるというのは重要なんだよ。わたしは、他人の知的労働にお金を払うのは一番シビアな世界だと思っているし、有償だからこそ気合を入れて耳を傾ける。そう考えると、無料というのはある種のハンディになるんだよ。

▷ 幸福論と置換不能な人生

——押井さんは今回の本で「幸福論」について語っています。幸福論はとても重要だと。

押井 それしかないと言っていいくらいに大切なのが幸福論……っていつも言ってるよね。そこを外すからわけがわからないことになる。そこから離れて国際政治や戦争を語ったり、人生の勝ち負けを語ったとしても何の意味もない。幸福論の内実は価値観だって何度も言っているでしょ？ 他人が何を言おうが、自分の価値観をもった人間は幸福論として成立させられる。

で、結論から言うと、ネットの世界には幸福論は成立しないと思った。

——いやいや押井さん、これまでそれを軸に語ってくださっていたのでは？

押井 「可能性がある」ということを語ったんです。ここ数年の現実問題として、ネットの世界はどんどん息苦しくなっているから。価値を要求される世界に近づいている。

——でも押井さん、連載しているときは、取り上げたチャンネルの方はそれぞれ自分の幸福論を実践している……みたいなことを仰っていましたよね……。

押井 だから、そういう試みはことごとく淘汰されつつあると言っているの！ マスの力で。YouTubeもメディアである以上、マスの力は無視出来ないから。

——マスの力というのは具体的には？

押井　同じようなチャンネルが乱立したりしているということ。そうなると、たとえ個人の幸福論を追求しているユーチューバーであっても意味のない競争に晒されてしまう。本来、他人と差別化するというのに根拠は必要ないんだよ、自分の価値観があればね。食べたいものを食べるというポリシーがあれば、ほかのチャンネルと差別化することに意味はないんだけど、それをやらないとフォロワーが減っていってしまう。悪いことにＹｏｕＴｕｂｅの場合、見ている人の数、ポイント、再生回数、登録者数等、すべてがひと目でわかるようになっている。それを無視出来る人間はなかなかいない。その時点で幸福論の成立は難しくなる。

――押井さん、だったら『ももじオンライン』のおっさんですよ。彼だけは幸福論をキープ出来るのでは？

押井　彼は有望かもしれないけど、彼の幸福論自体が波及力というか訴求力をもつかはまた別の話になる。幸福論が幸福論である限り、価値観は共感を求めてしまうから。やはり、誰かが見ていてくれないとやっていられないでしょ、普通。モチベーションというのは見ている側の人間に依存してしまうので、映画の場合、誰も観てくれないけど傑作を作りましたというのはありえない。映画は公開され、語ってもらってなんぼのもの。引き出しに入ったままの傑作は傑作とは言いません。ましてやＹｏｕＴｕｂｅはメディアなので。メディアは複製される世界で、伝播するのが大前提。そういうなかで見ている人がいないというのは致命的になる。

幸福論を実践しようとしているのはナカイドくんだよ。彼は闘っている。果敢に闘っている。世の中に良いゲームを布教していこうとがんばっている。彼は基本的にそういう人間で、金儲けしたい人間とはちがう。楽しくゲームをするということを、人生のなかで肯定的に考えている。

ナカイドくんはクソゲーを叩いたことで炎上したけれど、それはそのことの実践の表れのひとつ。彼はただ叩くだけじゃなく、なぜそうなったのかを必ず追究する。調べるし、聞いて回るし、考えるし。良いゲームもどこがいいのか必ず分析する。ナカイドくんは明らかに、ある種の使命感をもってやっていますよ。ただ食えないと困るからバズりそうな動画をアップしたりお店をやったりしているけれど、儲けはおそらく一般的な社会人と同レベルかちょっと下くらいじゃない？ それでもなおかつやっているのはゲームが好きだから。ゲームを面白がっているということを肯定したいという情熱があるから。だからこそわたしも共感する。ゲームが時間の無駄なんてこれっぽっちも思っていない。

ところでこの間、新しいPCを買って改めてどれくらいゲームに時間をかけているかチェックしてみたら7000時間を超えていたよね。ちょっと自分でも驚いちゃった（笑）。

――7000時間って押井さん……24時間プレイしたとして291日ですよ！

押井　7000時間近くを、実人生を薪にして竈にくべて遊んでいるわけだ。最近この「人生を薪にして」という表現が気に入っているんだけどさ（笑）。では、それが無駄だと思っているかというと、まるでそんなことはない。違う人生を生きている時間なので大切なんだよ。映画と同じ。映画も他人の人生を生きている時間だから。その時間、ゲームをやらなかったら何をしているかというと、どうせろくなことはやってないはずだし。

わたしの場合はそもそもそれが仕事というのもある。どこにも存在しない人間の時間を作り出す。それを無駄と言ってしまえば自分の仕事を全否定したことになるからね。だから、時間の無駄とも思わないし、うしろめたさも全然ない。とはいえ、実際に費やした時間を数字で見せられると、さすがに自分でもびっくりしちゃうけどさ（笑）。ゲームの場合は、趣向を変え違う人生を演じているとはいえ、やっているゲームは『Ｆａｌｌｏｕｔ ４』でずっと同じなんだし。

わたしはこれもある種の幸福論だと思っているんだけど、なかなか伝わりにくい。大体の人に「バカなんじゃないの」とか「時間がもったいないと思わないのか」とか「もっと生産的になろう」とか言われるわけですよ。いまだったら将棋やっていたら「凄いですね」と言われそうだけど、ゲームのなかで走り回って人を殺しているとそうは言われない。でも、わたしに言わせればそれは大きな勘違い。もしそれを否定するなら小説も映画も否定することになる。身体を動かして生産してない時間は無駄と言っているようなものだよ。そんなバカなことがあるはずはない。人間というのは、そういう無駄な時間を作り出すために文明や文化を作ってきたんだから。そうじゃなかったら１日食うことに追われている動物と同じじゃないの！

――確かにそうですね。

押井　わたしは、どんな人間がどんなことに目を向け、努力を惜しまずそれをやっているのかにとても興味がある。サッカーに興味をもつのも、ゲームに興味をもつのも、ＹｏｕＴｕｂｅをやっている人間に興味をもつのも、わたしからすれば全部一緒。ただ、伝統芸能系はちょっと違う。彼らのモチベーションには使命感というのも大きいと思うし、そういう人たちの達成感はまた違うんじゃないのかな。

達成感というのは大切で、幸福感とは切り離せない。達成感のないところに価値や幸福は現われづらい。誰だって「やっと終わった！」という快感を得たいわけで、そういう達成感を込みで成立するのが価値観であり幸福論だから。ただし、達成感を根底に置いてしまうとすべてが変わってしまうんだよ。

でも、いまの時代、達成感をベースに置きたい人間がたくさんいる。何事か成し遂げたいとか有名になりたいとか――要するに金銭欲であり名誉欲、権力欲。そのおまけとして、好きなものを食べられたり買ったり、おねえさんと遊べたり。いまの時代にもっとも流通しているのは達成感を根底にすえて、そこから逆算して自分の人生を考えるというやり方。確かにこれはわかりやすいけれど、本当に正しいのかということ。なぜなら、そこに個のレベルが存在していないからだよ。自分の個の部分、個としての存在、「置換不能な自分」があるかというと、ない。なぜなら、誰にもわかりやすいということは共通分母であるということだから。

確かに、他人と共有出来るというのはひとつの価値ではあるんだけど、他人と共有出来ないことも同時に価値なんだよ。他人と共通する部分がほしいと同時に、他人と置換不能な自分もほしい。つまり、自分が自分であることの根拠がほしい。わたしは、これが物事の基盤にあると思っている。

だから、達成感で一元化することに不具合が生じてくる。ということはつまり、一元化することに無理があるということ。ロジックとして一元化するのはすっきりするかもしれないけど、現実的にはそうはなってない。そもそも一元的な人間は存在しないし、必ず矛盾を抱えている。矛盾があるからこそ自分というものが存在している。あるいは、他人が入る余地がある。物事をそういうふうに考えていかないと、いつも重要だと言っている「順序立てて考える」ということにならない。

——押井さんはいつも目的と手段のことを仰っていますよね。映画監督になるのを目標にしても意味はないとも。

押井　そうです。目標にすべきは「どんな映画を撮りたいか」。映画監督という職業はそのための手段なんだよ。

たとえば野球のイチロー。彼はなぜ職業野球選手になったのか？　野球というゲームを楽しむのに一番効率がいいからだよ。選択肢も拡がり、自分がゲームする舞台も選べるし、より高度なゲームを楽しめる。職業野球でメジャーを目指すことの意味は選択肢と可能性が増えて野球に専念出来るから。可能であれば効率的なメジャーを選べばいいということ。でも、それが不可能なら草野球を楽しめばいい。メジャーに行けないなら野球をやる意味がないというんだったら、その時点で限りなく選択肢を狭くしている。達成感を根底にした価値観だとそういう選択になってしまうんだよ。

——ということは、イチローの目的は野球を楽しむことで、手段がもっとも効率のいいメジャーだったということですね。彼の価値観の根底になっているのはメジャー選手になるということではなく、野球を楽しむことというわけですね。

押井 そうです。相対性に晒されてもなおかつビクともしない価値観を根底に置けるかどうか、だよね。幸福論の中身をもっと端的に語ると、とりあえず言えるのが他人との互換性のなさ、置換不能性を実現しているのか？　たぶん、人間が最後に求めるのはそれなんじゃないのかな。生物学的個体としての自分の独自性、他人と置換不能な存在としての自分。そういうのが最後には残るんじゃないかと、わたしは考えている。死ぬ間際にいくら金を儲けても、自分の人生が他人と交換しても何の遜色もないと思ってしまったなら、それは何も実現していないことになる。

——そうなると寂しいですね。

押井 こういう話は毎回やっているけれど、なかなか説明が難しい。でも、要はそういうことなの。そういうことを考えないと後悔すると思う。わたしが言えるのはそういうことだけだから。

ＹｏｕＴｕｂｅにはいろんな意見を並べている人気ユーチューバーがたくさんいて、彼らが間違ったことを言っているわけではない。でも、あなたたちがその言葉に説得されたことには特に意味はないんだよ。自分がちょっと利口になったような気がするだけ。なぜ意味がないかと言えば、それは自前の考えじゃないから。納得することに価値観をもちすぎているので結局、説得力のある人間にその言葉を植え付けられてしまう。

——でも押井さん自身が、その説得力のある人間なのでは？

押井 まあ、わたしもそれをよく利用していますよ、仕事の上で。自分にとって都合よく物事を運ぶためにとりあえず説得する。でも、それが目的ではなく、あくまで手段だから。

——そういう価値観がＹｏｕＴｕｂｅを見ることで、よく見えてきたということですね。

押井　ＹｏｕＴｕｂｅは新興ジャンルだったから、見えやすかったというのはある。しかも動画だしね。でも、いまはひと通り終わったという感じかなあ。

押井守の既刊著書

押井守のニッポン人って誰だ!?

著／押井守　構成・文／渡辺麻紀

新型コロナを巡る対応には、“日本人の日本人っぽさ”がよく表れている。

それは、日本人の長所でもあり、弱点でもあり、ゆえに日本人の本質といえるのではないか——。

「コメ」「コトバ」「仏教」「ペリー」「マッカーサー」、そして「新型コロナ騒動」……。歴史の潮流のなかから、日本人がどのように生き、そしてどこへ向かおうとしているのかを鬼才監督・押井守が独自の視点で語り尽くした、自由で過激でオモシロすぎる＜日本人論＞。

カバーイラスト／湯浅政明
発行 東京ニュース通信社　発売 講談社

押井守の既刊著書

誰も語らなかったジブリを語ろう 増補版

著／押井守

世界中のアニメーションに影響を与えた“スタジオジブリ”を、これまた世界中からリスペクトされる監督・押井守が語り尽くして、大きな話題を呼んだ『誰も語らなかったジブリ語ろう』が、増補版として待望の再登場！

およそ40年にわたって親交を結んできたスタジオジブリ・鈴木敏夫プロデューサーとの最初で最後の(!?)往復書簡、押井監督と長年タッグを組んできた盟友・石川光久プロデューサー（株式会社プロダクション・アイジー代表取締役社長）、スタジオジブリ等で長らくプロデューサーを務めた高橋望氏との本音がぶつかり合う鼎談を新たに追加した一冊。

カバーイラスト／湯浅政明

発行 東京ニュース通信社　発売 講談社

押井守の既刊著書

押井守のサブぃカルチャー70年

著／押井守

1951年生まれの監督・押井守が、ほぼ初めてふれたエンタテインメントだと語る『赤胴鈴之助』から、現在ハマっているというYouTubeまで——。約70年にわたって親しんできた映画、TVシリーズ、漫画、アニメなどをその思い出とともに振り返りつつ、自身にどんな影響を及ぼしたのかはもちろん、戦後日本がエンタテインメントを通じて何を表現し、社会を映し出してきたのかを語る一冊。

TV Bros.WEBで好評を博した連載に加筆して待望の書籍化！

カバーイラスト・挿絵／梅津泰臣
発行 東京ニュース通信社　発売 講談社

押井守の既刊著書

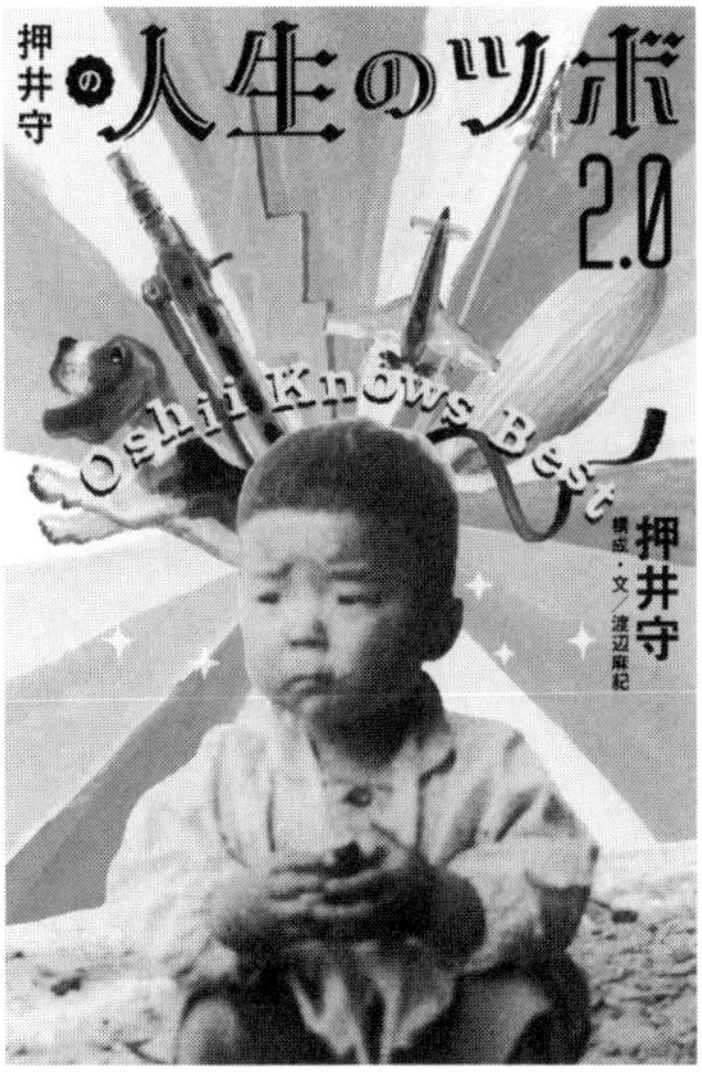

押井守の人生のツボ 2.0

著／押井守　構成・文／渡辺麻紀

「友人のマウンティングがウザい」「パワハラ、セクハラの線引きは？」など、寄せられたお悩みに答え、そのロジカルで実践的な回答が読者の間で話題を呼んだ『押井守の人生のツボ』が、増補版となって待望の再登場！

「結婚や出世に興味をもたず、マイペースに生きる息子や若者の姿を見ていると、日本がどんどん落ちぶれそうで不安になる」、「韓国ドラマ沼から抜け出せない」など新たな悩みを加え、それぞれの“お悩みに効く映画”についても語った一冊。押井監督自身の体験と思索の日々に裏付けされた、刺激的でユーモラスなアドバイスに価値観を揺さぶられること間違いなし。

押井守（おしい・まもる）

映画監督。1951年生まれ。東京都出身。1977年、竜の子プロダクションに入社。スタジオぴえろを経てフリーに。おもな監督作品に『うる星やつら オンリー・ユー』(83)、『うる星やつら2 ビューティフル・ドリーマー』(84)、『機動警察パトレイバー the Movie』(89)、『機動警察パトレイバー2 the Movie』(93)。『GHOST IN THE SHELL/攻殻機動隊』(95)はアメリカ『ビルボード』誌セル・ビデオ部門で売り上げ1位を記録。『イノセンス』(04)はカンヌ国際映画祭コンペティション部門に、『スカイ・クロラ The Sky Crawlers』(08)はヴェネツィア国際映画祭コンペティション部門に出品された。

2016年ウィンザー・マッケイ賞を受賞。構成・脚本を務めたWOWOWオリジナルアニメ『火狩りの王』第2シーズンが2024年1月より放送・配信開始。

聞き手・構成・文／渡辺麻紀（わたなべ・まき）

映画ライター。『TV Bros.』『S-Fマガジン』『アニメージュ』などに映画コラム、インタビューなどを寄稿。聞き手・構成・文を担当した本に、押井守監督の『押井守の人生のツボ2.0』『押井守のサブぃカルチャー70年』『誰も語らなかったジブリを語ろう 増補版』『押井守のニッポン人って誰だ!?』『シネマの神は細部に宿る』（すべて東京ニュース通信社刊）等があるほか、『ぴあ』アプリでは、連載『押井守の あの映画のアレ、なんだっけ？』の聞き手・執筆を担当している。

カバーイラスト／梅津泰臣（うめつ・やすおみ）

アニメ監督・アニメーター。1960年生まれ。福島県出身。おもな監督作品に『A KITE』(98)、『MEZZO FORTE』(00)、『ガリレイドンナ』(13)、『ウィザード・バリスターズ 弁魔士セシル』(14)など。近年は『刀剣乱舞－花丸－』(16)、『美少年探偵団』(21)などオープニング・エンディングディレクターとしても活躍。次回監督作が進行中。

カバーイラストペイント／丸山茂子
装丁・デザイン／キッドインク（石塚健太郎）
DTP／キッドインク（堀内菜月）
編集／桜木愛子

押井守《おしいまもる》のサブぃカルチャー70年《ななじゅうねん》
YouTube《ゆーちゅーぶ》の巻《まき》

第1刷　2023年12月26日

著者　押井守
発行者　石川究
発行　株式会社東京ニュース通信社
〒104-6224　東京都中央区晴海1-8-12
☎03-6367-8015
発売　株式会社講談社
〒112-8001 東京都文京区音羽2-12-21
☎03-5395-3606
印刷・製本　株式会社シナノ

ISBN 978-4-06-534689-1